亞洲咖啡認證實務操作手冊

國立高雄餐旅大學　著作團隊

方政倫／王琴理／邵長平／邱瓊如／陳若芸／陳政學／彭思齊／趙嘉榮／蔡治宇

CONTENTS

CONTENTS

CONTENTS

CONTENTS

感謝序

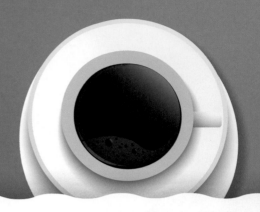

國立高雄餐旅大學繼 2018 年出版的了《亞洲咖啡認證初階學堂》之後，再度邀約咖啡界的專家，著手進行進階實務操作手冊的撰寫，希望能持續發揮台灣咖啡的影響力，凝聚共識，攜手為咖啡人才培育貢獻一份心力。

任何美好的結果，過程總是充滿挑戰，感謝作者達人們精心撰寫教材內容，貢獻他們多年的專長，凝聚成文字。

感謝高餐大前校長林玥秀教授一路上的支持鼓勵，校內外所有參與培訓課程的種子老師們，熱情地參與及提出建設性的回饋，加上同為咖啡愛好者的寂天出版社總經理周均亮先生，在出版過程的全力協助，才能成就此書的誕生。

教育為百年樹人之志業，借用羅斯福夫人（Eleanor Roosevelt）的話：

「人生最大的喜悅，是有機會為他人做有用的事。」

從初階學堂，到這本實務操作手冊，我們開啟了咖啡教育系統化的教學及教材設計。未來仍將不忘初心，持續努力，連結更多的咖啡愛好者，共同為台灣咖啡教育盡一份心力，永續地傳承咖啡專業知識。

國立高雄餐旅大學
王美蓉　院長謹誌

BUT
FIRST,
COFFEE.

咖啡用水

第一章

一 從水中礦物質談起

 你是否有過以下的經驗？

🟦 曾經在某間咖啡店，喝到一杯很有滋味的咖啡，於是向店家買了同樣的熟豆，打算回去自己沖來喝，結果卻發現味道卻完全不同，於是你開始懷疑店家的誠信或是自己的技術。

🟦 有人告訴過你，用某種水煮出來的咖啡最好喝。

水是萃取咖啡的重要元素，一杯沖煮好的咖啡，其中有 98 % 以上的成分是水（espresso 稍濃，水分約佔 88–93 %），所占的比例可觀。我們日常沖煮咖啡所使用的水有許多種類，例如 RO 水、自來水、礦泉水、硬水、軟水等等，琳瑯滿目。有人不免會問：

🟦 不就是水嗎，為何會有這麼多種類？

🟦 到底哪一種水最好？

🟦 不同種類的水，會對咖啡萃取造成怎樣的影響？

🟦 用純水煮咖啡不好嗎？

🟦 水中有礦物質好嗎？

🟦 這其中有何科學上的理論呢？

🟦 對於一個咖啡愛好者，對咖啡用水應該具備什麼概念呢？

本章節是寫給初接觸咖啡的學習者，從基本的水質介紹，去引導學員了解水質的規格，以及其中成分對於咖啡風味的影響脈絡。伴隨簡單的實作方式，期望建立起水之於咖啡的基本概念，並找尋自己最喜歡的咖啡用水規格。

一般家庭所使用的自來水，或是自然界中的水源，除了純水（H_2O）以外，其中還含有其他物質。這些成分是如何進入水中的呢？可以從水的循環開始談起。當天空下雨的時候，空氣中的**二氧化碳**便會溶入雨滴，形成**碳酸**，使其具有**酸性**。酸性的雨水隨後降落在地表，匯集形成溪流或是湖泊，並開始溶解如**碳酸鈣**、**碳酸鎂**等石灰質，以及其他的礦物質。

這些被溶解的物質，便以**陰離子、陽離子**的形式呈現（如下圖所示）。而酸性雨水遇到抗溶解（風化）力較高的矽酸鹽岩地形（如長石或石英），或其他不易被溶解的礦物質時，這些成分便會以懸浮物的形式存在於水中。

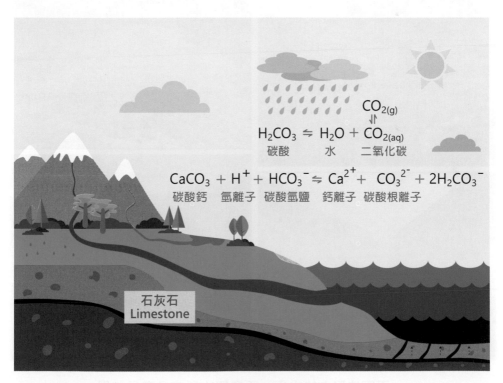

▲ 二氧化碳轉化流程

就可被溶解的物質來說，與雨水接觸的時間長短，以及顆粒大小，都會影響其溶解量。一般而言，**顆粒小的岩盤因為接觸面積較大**，或是地下水接觸礦物質的時間較長，因此**礦物質離子的含量會相對較高。**

基於這樣的自然現象，所以不同地區的水源，因周遭地形含礦物質的成分有所差異，也就形成了該地區特有的水質條件。

▲ 不同地形中的水源，所含礦物質成分有所差異

二 水中常見的礦物質及含量

水中的礦物質

礦物質一旦溶於水中，便會解離成陰、陽離子。由於這些離子都帶有電性，因此可以藉由測量水中離子的電導度來反應出水中礦物質的成分。**電導度越高，則代表水中礦物質則越多。**

一般常見的**電導度單位為 ppm**。偵測水中礦物質的成分簡稱 **TDS（總溶解固體）** ppm。

- ppm (parts per million)
  ＝ 百萬分點濃度
- TDS (total dissolved solids)
  ＝ 總溶解固體

水中常見的陽離子

- 鈣離子（Ca^{2+}）
- 鎂離子（Mg^{2+}）
- 鈉離子（Na^+）
- 鉀離子（K^+）

水中常見的陰離子

- 氯離子（Cl^-）
- 硫酸根離子（SO_4^{2-}）
- 碳酸根離子（CO_3^{2-}）
- 碳酸氫根離子（HCO_3^-）

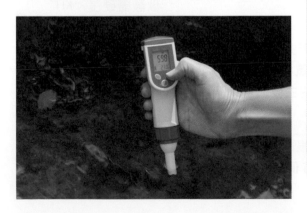

▲ TDS 水質檢測筆

水中哪些礦物質會影響風味？

1 硬度（hardness）

水中若是含有**鈣離子**、**鎂離子**，則會使水具有硬度。而鈣、鎂離子的總和，我們稱為「**總硬度**」（general hardness），計算單位上通常以 GH 來表示。

目前已有研究證實，**水中若含有硬度，將會提高咖啡的萃取率**。這個概念也可以應用在泡茶上，因此在傳統上會有「以山泉水泡的茶比較好喝」的說法。若是咖啡中含有不討喜的風味，也會藉由提高萃取率的過程而被一併帶出。

2 鹼度（alkalinity）

由於空氣中的二氧化碳溶於水，以及含有鈣、鎂等碳酸鹽的成分溶於其中，因此水中會含有「**碳酸氫根離子**」（HCO_3^-），而透過該離子與氫離子（H^+）結合，形成具有中和酸性的特質，我們稱之為「**鹼度**」（alkalinity）。

除了碳酸氫根離子以外，「**碳酸根離子**」（CO_3^{2-}）和「**氫氧根離子**」（OH^-），也都具有**中和酸性**的能力，也是鹼度的來源。

然而當自然界中的水，pH 值若是介於 **6.37–8.3**，此時水中的鹼度成分是以**碳酸氫根離子**為主，此時**碳酸氫根離子便成為咖啡用水的主要鹼度來源**。

學理上，通常以「碳酸鹽硬度」（carbonate hardness, KH）來水中形容碳酸氫根的含量。**咖啡沖煮用水若是具有鹼度，在沖煮時便可以中和咖啡的酸，而使酸感降低**。

鈣離子 ➕ 鎂離子

＝ 總硬度

💧 水中另有離子可以產生硬度，由於含量不超過 3%，在此不予討論。

硬度單位

總硬度：GH
(general hardness)

鹼度的來源

碳酸氫根離子（HCO_3^-）
碳酸根離子（CO_3^{2-}）
氫氧根離子（OH^-）

鹼度單位

碳酸鹽硬度：KH
(carbonate hardness)

水中的常見鹼度物質 & 中和酸的反應方程式

$HCO_3^- + H^+ \rightleftharpoons H_2CO_3$
$CO_3^{2-} + H^+ \rightleftharpoons HCO_3^-$
$OH^- + H^+ \rightleftharpoons H_2O$

三 常見的水質單位

百萬分點濃度（ppm）

水中鈣、鎂等離子的含量，是以**每公升的水中含有多少毫克**（mg/L）為計量單位，1 mg/L 相當於百萬分之一（1/1,000,000 g），因此稱為「**百萬分點濃度**」（ppm, part per million）。

碳酸鈣含量

由於 ppm 是質量單位，當水中同時存在鈣、鎂離子時，ppm 無法直接了解實際存在水中的離子數目。因此在實務上，都會將含有鈣或是鎂離子的重量，轉換成相當於多少**碳酸鈣**（$CaCO_3$）溶於水的含量，如此便有一致的標準，例如標示：

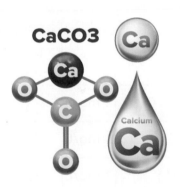

- 以碳酸鈣計
- 相當於多少 ppm 碳酸鈣
- ppm as $CaCO_3$

ppm 與碳酸鈣含量

- 1 ppm 鈣離子 = 2.5 ppm 碳酸鈣溶於水所解離出的 Ca 數量
- 1 ppm 鎂離子 = 4.1 ppm 碳酸鈣溶於水所解離出的 Ca 數量

除了鈣、鎂離子以外，我們也會將前面提到的碳酸氫根離子含量，轉變成「以碳酸鈣計」來做為標示。

德式硬度（°dH）（氧化鈣含量）

除了美式硬度（ppm as $CaCO_3$），德式硬度（°dH）是另一種常見的單位。有別於以碳酸鈣（$CaCO_3$）的形成量來表示硬度，德國採用**氧化鈣**（CaO）的形成量來描述水的硬度。德式硬度的定義為：

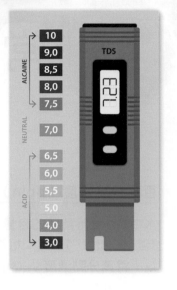

- 10 ppm CaO = 1°dH
  （1 公升含 10 mg 的氧化鈣 = 一個德式硬度）

- 1°dH = 17.85 ppm $CaCO_3$
  （一個德式硬度 = 17.85 ppm 碳酸鈣）

原始單位		換算單位				
以（種類）計	單位	ppm $CaCO_3$	Ca^{2+} (mg/L)	Mg^{2+} (mg/L)	HCO_3^- (mg/L)	德式硬度 °dH
$CaCO_3$	1 mg/L	1	0.4	0.28	1.2	0.056
Ca^{2+}	1 mg/L	2.5	1	–	–	0.14
Mg^{2+}	1 mg/L	4.1	–	1	–	0.23
HCO_3^-	1 mg/L	0.82	–	–	1	0.046
德式硬度	1 °dH	17.85	7.15	4.33	21.76	1

▲ 常見的水質單位轉換

四 軟水與硬水

在生活中，當我們以肥皂（脂肪酸鈉／鉀）洗滌時，水中若含有過量的鈣、鎂離子，有可能產生**「肪酸鈣」**和**「脂肪酸鎂」**的沉澱產生，使得肥皂不容易起泡，降低洗滌的效果，這樣的水質我們稱之為**「硬水」**（hard water）。

根據世界衛生組織（WHO）公布的「硬水」與「軟水」（soft water）基準，當水中含硬度離子（以鈣、鎂離子為主），其碳酸鈣含量介於：

WHO
World Health Organization
（世界衛生組織）

碳酸鈣含量	類別
0-60 ppm	軟水
61-120 ppm	中度軟水
121-180 ppm	硬水
>180ppm	超硬水

資料來源／Hardness in Drinking-water: Background document for development of WHO Guidelines for Drinking-water Quality, World Health Organization.

五 水垢的產生

水垢的形成

當水中的有鈣離子、鎂離子和「碳酸根離子」存在時，就有可能產生「**碳酸鈣**」或「**碳酸鎂**」的沉澱，這個沉澱物稱之為「**水垢**」（limescale）。

水垢的產生在煮水器具中更為明顯，原因是由於加熱過程中，水中如果存在有「**碳酸氫根離子**」，會使其轉變成「**碳酸根離子**」，進而與水中存在的鈣離子、鎂離子產生沉澱反應。

暫時硬水（temporary hardness）

硬水中的鈣離子、鎂離子一旦產生沉澱，水中的硬度即會相對的下降，這種特性的硬水稱之為「暫時硬水」。

永久硬水（permanent hardness）

當水中的有鈣離子、鎂離子卻沒有「碳酸根離子」時，此時這些硬度離子便不會產生沉澱，也不會因為加熱而產生沉澱，因此水中的硬度不會改變，我們將這種特性的水稱為「永久硬水」。

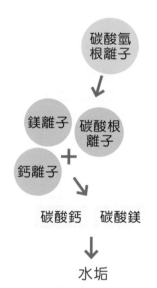

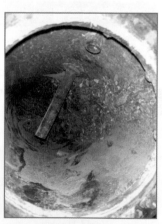

▲ 鍋爐中的水垢

六 簡易水質測定

測量項目

水質的測量是了解咖啡用水的必要手段。透過量測一些水質基本的數據，可以讓我們知道手中水質的輪廓，也有助於咖啡沖煮的參數調整。

一般而言，針對咖啡用水，多以量測以下四項數據來做為參考：

- pH 值
- TDS 值
- 硬度（GH）
- 鹼度（KH）

藉由這些參數的量測，可幫助我們了解水質的狀態，使我們在萃取時更有概念和方向感。

▲ pH 值測量

測量工具

1 檢驗試紙

在化學實驗室以外的地方，檢驗試紙是測定水質的參數最簡易的方式。試紙的使用方法很簡單，就是將其浸泡在樣本中，等待變色後，使用標準色卡來進行比色，即可做簡易判讀。

▲ TDS 值測量

目前水質的 pH 值、硬度、鹼度等，都有試紙可以選擇。檢驗試紙優缺點是：

● **優點**：不需要儀器設備成本，快速且方便攜帶。

● **缺點**：由於是藉由比色來判定，因此無法給出準確的數值，而且數值的區間過大。

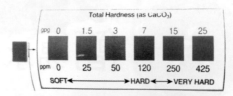

▲ 用檢驗試紙量測水質：
硬度的檢測

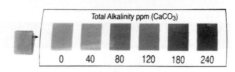

▲ 用檢驗試紙量測水質：
鹼度的檢測

2 檢驗試劑

1 硬度（GH）的檢測

水質檢驗試劑是比試紙更為準確的工具。要測量**水質的總硬度**（General Hardness, GH），可利用與**二價陽離子**（**鈣離子、鎂離子**）結合的藥劑來進行測量。這類產品一開始是因應水族愛好人士的需求而開發成商用套件。在指示試劑的作用下，只要變色即代表反應終止，因此很容易辨識。

以市售水質檢驗套件為例，以下是測試水質總硬度的注意事項：

1. 我們先取水質樣本 **5 毫升**，再滴入 GH 試劑。

2. 當第一滴試劑滴入取樣水後，水的顏色將從清澈轉為**橘色**（指示劑與二價陽離子結合的顏色）。

3. 須注意的是，當每滴入一滴測試劑時，**需均勻搖晃試管**，完成後再滴下一滴，並計算滴入的次數，直到試管中的水再變為**綠色**為止（綠色為指示劑未與二價陽離子結合的顏色）。

4. 過程中總滴定的次數即為 GH 的含量，每一滴代表一個**德式硬度** 1°dGH，其與碳酸鈣硬度的關係為：

   1°dGH = 17.9 ppm $CaCO_3$

2 鹼度（KH）的檢測

水質的鹼度判定多採用「**酸鹼中和滴定法**」（利用強酸，例如 HCl），在操作上也須搭配會有顏色變化的 pH 指示劑。由於鹼度的測定終點反應為**碳酸氫鹽**（HCO_3^-）中和成**碳酸**（H_2CO_3），此時的 pH 約為 4.3，因此在指示的選擇上多採用「**溴甲酚綠**」（Bromocresol green，pH 高於 5.4 為藍色，低於 3.8 時呈黃色），其變色範圍與滴定終點接近。

以市售水質檢驗套件為例，以下是測試水質鹼度的注意事項：

1. 測定取水質樣本 **5 毫升**，開始滴入 KH 試劑。

2. 當第一滴試劑滴入樣本後，水的顏色將從清澈轉為**藍色**（此時 pH 值高於 5.4）。

3. 每滴入一滴測試劑時，需均勻搖晃後，再滴入下一滴，並計算滴入的次數，直到試管中的水再變為**黃色**（此時 pH 值低於 3.8）為止。

4. 上述過程中總滴入的次數即為 KH 的含量，每一滴代表一個德式硬度 1˚d，它與碳酸鈣硬度的關係為：

$1˚d = 17.9 \ ppm \ CaCO_3$

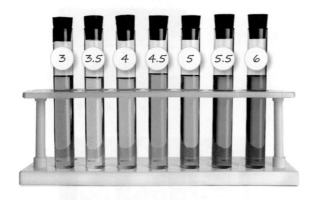

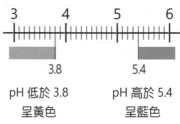

pH 低於 3.8　　pH 高於 5.4
呈黃色　　　　呈藍色

▲ 溴甲酚綠（Bromocresol green）

1 實作目的

以市售的水質檢驗套組來檢驗水質的：

1. 總硬度（General Hardness, GH）
2. 碳酸鹽硬度（Carbonate Hardness, KH）

2 準備以下物品

1. 市售純水（RO 水）
2. 法國 Evian 礦泉水
3. 調和水（純水：Evian = 3：1）
4. 自來水
5. API GH & KH 水質檢驗套組，內含：
   (a) GH 試劑 1 瓶
   (b) KH 試劑 1 瓶
   (c) 玻璃管 2 支

▲ RO 水

▲ Evian 礦泉水

▲ API GH & KH
水質檢驗套組

3 檢測總硬度 GH

1. 取水樣本於玻璃管中，至 5 毫升刻度。

2. 滴入一滴 GH 試劑，並請將瓶蓋扣緊。之後上下翻轉試管，使其充分混合，直到試管中的水由清澈轉橘色。

3. 重複步驟 2，直至水溶液再由橘色變為綠色為止，計算總滴定的試劑滴數，並登記於實驗記綠表中。

4. **總滴定數**即是樣本的 GH 的含量，單位為**德式硬度** °d。

5. 將滴定數乘以 17.9，即可得到**美式硬度** ppm $CaCO_3$。

4 檢測碳酸鹽硬度 KH

1. 取水樣本於玻璃管中，至 5 毫升刻度。

2. 滴入一滴 **KH 試劑**，並請將瓶蓋扣緊。之後上下翻轉試管，使其充分混合，直到試管中的水由清澈轉藍色。

3. 重複步驟 2，直至水溶液再由藍色變為黃色為止，計算總滴定的試劑滴數，登記於實驗記綠表中。

4. 總滴定數即是樣本的 KH 的含量，單位為德式硬度 °d。

5. 將滴定數乘以 17.9，即可得到美式硬度 ppm $CaCO_3$。

樣本	Evian 礦泉水		純水		調和水（純水：Evian = 3：1）		自來水	
	總硬度 GH	鹼度 KH	總硬度 GH	鹼度 KH	總硬度 GH	鹼度 KH	總硬度 GH	鹼度 KH
滴定數								
美式硬度 滴定數 *17.9 ppm CaCO3								

▸▸ **註 1**：在測試 GH 過程中，水中的總硬度含量與顏色呈正比，當水質樣本硬度過低時，顏色的轉變教不易判別，應特別注意。

▸▸ **註 2**：當水樣本是純水時，滴入一滴試劑即變色，此時滴定數應為 0。

七 咖啡的理想用水規格

WE MAKE A PERFECT COFFEE
EVERY DAY & EVERY NIGHT

基本條件

有關理想的咖啡用水,第一個前提是「水必須是純淨的」。最簡單的判讀方式是:

◆ 用眼睛直觀,確認水是無色、無懸浮物。
◆ 用鼻子聞起來沒有異味。

這裡所提到的異味來源,泛指自來水所以添加的**氯氣**(會產生次氯酸鹽)或是**氯胺**,以及其他有機物的污染而引起的。

自來水廠在供水時,都會添加**氯**或是**氯胺**消毒,而且還含有不等程度的懸浮物質。這些問題,通常在用水之前,使用含有吸附棉和活性碳的濾材,來加以過濾,便可以有效改善。而水源 pH 值的可以接受的範圍,在 **6.5–8.3** 之間。

◆ 氯氣:Chlorine
◆ 氯胺:Chloramines

氯

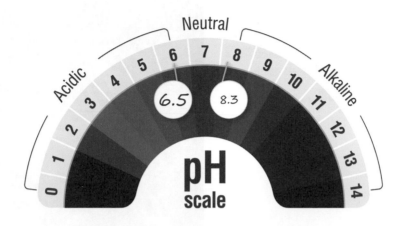

▲ 水源 pH 值的可以接受的範圍
在 6.5–8.3 之間

礦物質條件與風味傾向

任何一種水質都具有 GH（總硬度，鈣鎂
離子的總和）和 KH（總鹼度，也就是
碳酸鹽硬度）數值，透過簡易的測量，
我們可以將數值以直角座標標示出來。

● **縱軸 GH**：這是萃取指標，意指將咖啡
物質溶解出來的能力，GH 越高則口感
越厚重，反之則越空洞。

● **橫軸是 KH**：KH 扮演的角色就是可以
緩衝咖啡的酸質。若含量過少則可能帶
來銳利的酸感，若過多則會中和咖啡的
酸，造成平淡的酸感，甚至會引發沉
澱，而有顆粒感（chalky）。

若同時考量不同 GH、KH 的高低極
端濃度時，會分別產生四種特殊的
風味（如下圖）。在這四個極端風
味之間，會出現「可接受區間」，
正中間是「理想區間」。

厚重
混濁
尖酸

厚重
平淡
有顆粒感

理想區間

可接受的區間

空洞
銳利
尖酸

空洞
平淡
有顆粒感

（總硬度，鈣鎂離子的總和） GH ppm CaCO₃

KH ppm CaCO₃（總鹼度，碳酸鹽硬度）

▲ 硬度、鹼度與咖啡風味的關聯

目前對於理想區間的礦物質看法

根據「美國精品咖啡協會」的建議，理想的礦物質含量，以其總固體溶解量 TDS 建議數值是 **150 ppm**，其中：

- 含有鈣離子的濃度（也就是 GH），應為相當於 68 ppm 的碳酸鈣濃度。
- 鹼度（KH）應為相當於 40 ppm 的碳酸鈣濃度。

「歐洲精品咖啡協會」出版了《The SCAE Water Chart》手冊，其中根據咖啡機內的熱水鍋爐使用安全操作、感官層面，以及沖泡品質的考量，提出了**水質 GH/KH 的核心區域**，在此核心區域內，不必擔心鍋爐結水垢，能夠沖出較為理想的咖啡。

美國精品咖啡協會
Specialty Coffee Association of American, SCAA

歐洲精品咖啡協會
Specialty Coffee Association of Europe, SCAE

精品咖啡協會
以上兩個協會已經合併，稱為精品咖啡協會（Specialty Coffee Association, SCA）

	目標	可接受區間
異味 ①	\multicolumn{2}{c}{乾淨/新鮮無異味}	
顏色 ②	\multicolumn{2}{c}{無色}	
氯含量	\multicolumn{2}{c}{0 ppm}	
TDS ③	150 ppm 碳酸鈣	75–250 ppm 碳酸鈣
鈣硬度	68 ppm 碳酸鈣	17–85 ppm 碳酸鈣
總鹼度	40 ppm 碳酸鈣	接近 40 ppm 碳酸鈣
pH	7.0	6.5–7.5
鈉	10 ppm	接近 10 ppm

① 以嗅覺判斷是否有異味

② 以視覺判斷是否有顏色

③ TDS 數值採用電子式 T 探針,以 4–4–2 轉換係數 0.7 測得

▲ 美國與歐洲精品咖啡協會的理想咖啡水質標準

雖然水質數據落入可接受區間,即當標準水使用,但是落入理想區間才是最理想的。可接受區間的各項指標範圍,是考慮到實際的水質狀況,理想區間是各項指標努力的方向。

對理想水質應有的觀念

現有的理想沖煮用水參數（在感官方面），只是參考的依據。

水質的礦物質成分與濃度，會影響咖啡的風味，而咖啡的各種烘焙程度本身也有其各自的調性，再加上每一個消費者或咖啡師在感官上主觀的喜好不一，因此綜合所有的主、客觀因素，很難存在著一種水質規格是適合所有的咖啡沖煮。

有鑑於此，我們可以進行簡易調水測試，針對各種不同的烘焙程度，來找尋對應自己喜好的理想水質規格。

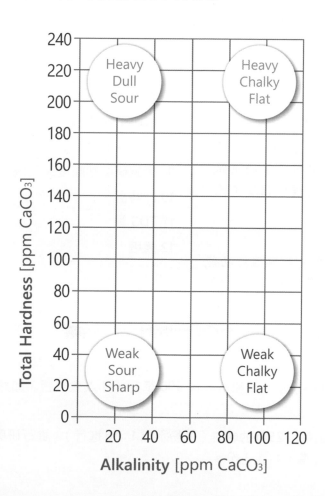

練習 水質與咖啡風味的試驗

1 實作目的

透過品飲純水、高礦物質礦泉水、經純水稀釋後的礦泉水,來體會不同水質沖煮咖啡所產生風味上的差異,感受萃取率和酸質的表現,並體認礦物質的存在對咖啡風味的影響。

2 準備以下物品

1. 市售純水（RO 水）
2. 法國 Evian 礦泉水
3. 調和水（純水：Evian ＝ 3：1）
   以上三種水質於接下來的測試中,可視學員的經驗程度用已知或盲測進行。
4. 中度烘焙咖啡
5. 溫控煮水壺 3 台（若無溫控功能,須準備三支溫度計）

6. 聰明濾杯 3 個
7. 咖啡下壺 3 個
8. 電子秤 3 台
9. 可調研磨整顆度磨豆機 1 台
10. 計時器
11. TDS 筆
12. 濾紙

3 步驟

1. 取純水、Evian 礦泉水、調和水,各 500 毫升,注入煮水壺,加熱至 90 ℃。

2. 煮水同時,取出每份 25 g 的咖啡（依粉水比 1：16 進行）,進行研磨,以杯測刻度為基準,共計 3 份。

3. 將濾紙裝入聰明濾杯，將濾杯置於電子秤上（共3台），之後倒入咖啡粉，並將電子秤歸零。

4. 將〔步驟1〕加熱好的水分，別注入〔步驟3〕之濾杯，加水400克，過程中務必將咖啡粉與熱水充分混和，當水與咖啡粉接觸時，便開始計時，待2分半鐘後，將濾杯置於咖啡下壺上方，開始濾出咖啡。

4 品嚐

1 三種水質的品飲

1. 測量純水、調和水、Evian 這三種水質的 TDS、GH、KH 值，並標示在座標圖上。

2. 品飲純水、調和水、Evian 這三種水質，相互比較，並寫下口感比較和想法。

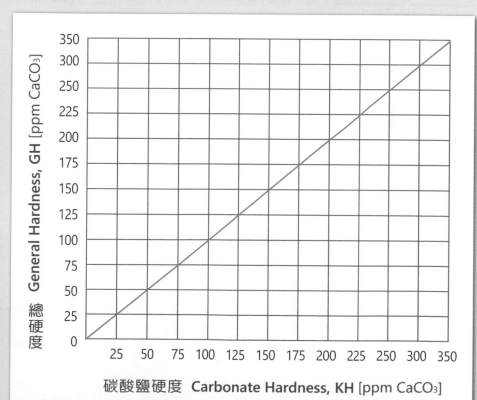

	純水	調和水	Evian
TDS			
GH			
KH			
口感	滑順　□有 □無 澀感　□有 □無 味道　□無 □弱 □強 甜感　□無 □弱 □明顯 舌面上 □有 □無 重量	滑順　□有 □無 澀感　□有 □無 味道　□無 □弱 □強 甜感　□無 □弱 □明顯 舌面上 □有 □無 重量	滑順　□有 □無 澀感　□有 □無 味道　□無 □弱 □強 甜感　□無 □弱 □明顯 舌面上 □有 □無 重量
描述			

2 咖啡味覺強度比較

針對這三壺咖啡的「酸、苦、甜、味道豐富度」，做強度比較。

	純水	調和水	Evian
酸感	□強 □中 □弱	□強 □中 □弱	□強 □中 □弱
苦味	□強 □中 □弱	□強 □中 □弱	□強 □中 □弱
甜感	□強 □中 □弱	□強 □中 □弱	□強 □中 □弱
濃厚感	□強 □中 □弱	□強 □中 □弱	□強 □中 □弱
顆粒感	□強 □中 □弱	□強 □中 □弱	□強 □中 □弱
個人喜好			
冷卻後的 pH 值			

田間管理與後製處理

第二章

一 種植氣候

WE MAKE A PERFECT COFFEE
EVERY DAY & EVERY NIGHT

台灣種植氣候

台灣咖啡產區大致可分低、中、高海拔三大類型：

💧 低海拔：0–499 公尺
💧 中海拔：500–999 公尺
💧 高海拔：1000 公尺

台灣主要的氣候問題為缺水、寒流、降霜、颱風、豪雨等天災。

▲ 霜害

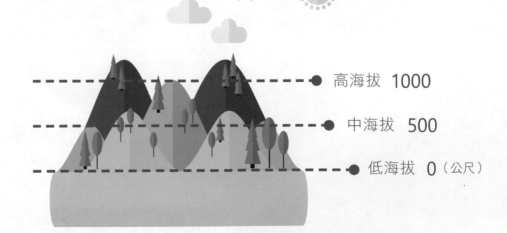

高海拔　1000

中海拔　500

低海拔　0（公尺）

咖啡品種性狀與特性

常見品種介紹

類型	品種名稱	樹型	頂芽色	豆型大小	產量	適合海拔	抗病蟲害能力
波旁 Bourbon	Bourbon	高	綠色	中等	中低	1000 公尺以上	低
	Caturra	矮種	綠色	中等	中低	1000 公尺以上	低
	Pacas	矮種	綠色	中等	中低	1000 公尺以上	低
	SL28	高	綠色	稍大	高	1000 公尺以上	低
	Venecia	矮種	綠色	稍大	中低	1000 公尺以上	低
	Villa Sarchi	矮種	綠色	中等	中低	1000 公尺以上	低
鐵皮卡 Typica	Typica	高	褐色	稍大	低	1000 公尺以上	低
	Maragogipe	高	褐色	大	低	1000 公尺以上	低
	SL14	高	淺褐色	中等	中高	1000 公尺以上	低
	SL34	高	深褐色	稍大	中高	1000 公尺以上	低

類型	品種名稱	樹型	頂芽色	豆型大小	產量	適合海拔	抗病蟲害能力
波旁 & 鐵皮卡 Bourbon & Typica	Catuai	矮種	綠色	中等	中低	1000 公尺以上	低
	Mundo Novo	高	綠 / 褐色	中等	中高	1000 公尺以上	低
	Pacamara	矮種	綠 / 褐色	大	中低	—	低
卡地摩 Catimor	Catimor	矮種	綠色	稍大	高	400–1000 公尺	高
衣索比亞 地方品種 Ethiopian landrace	Geisha (Panama)	高	綠 / 褐色	中等	中低	1000 公尺以上	低
	Java	高	褐色	稍大	中低	1000 公尺以上	中

Robusta   Arabica

▲ 賴比利卡種（Coffea Liberica）

▲ 羅布斯塔（Coffea Canephora）

品種變異

任何咖啡品種都可能產生變異突變。在台灣，目前常見的變異品種為 **SL−34的紫葉突變**，成熟的葉面外觀有別於一般葉片為綠色，而是以接近紫色的葉色形式呈現。

▲ 正常的 SL34

▲ 小摩卡紫葉突變

▲ 紫葉突變

▲ 藝妓（Geisha）：具特色的潛力品種

三 繁衍技術

WE MAKE A PERFECT COFFEE
EVERY DAY & EVERY NIGHT

從育苗到第一次收成
大約需要3–5年

咖啡繁衍

咖啡要繁殖培育下一代的方法
有很多，例如：

- 種子繁殖
- 嫁接繁殖
- 扦插繁殖

其中最常見的是種子繁殖。普遍來
說，咖啡樹從育苗到第一次收成。
大約需要 3–5 年。

台灣本地的咖啡種植時間管理約為：

- 花芽期：1–3 月
- 開花期：3–4 月
- 幼果期：5–7 月
- 大果期：8–11 月
- 熟果採摘期：9 月至隔年 5 月

當然，每個咖啡莊園（種植區）因
緯度地區和海拔高低的不同，而存
在著些許的差異。

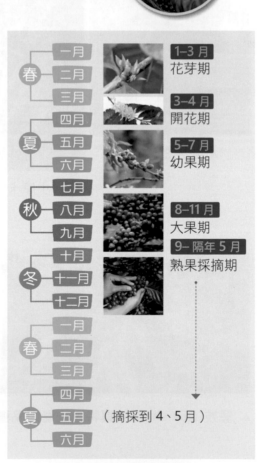

春	一月		1–3 月 花芽期
	二月		
	三月		3–4 月 開花期
夏	四月		
	五月		5–7 月 幼果期
	六月		
秋	七月		
	八月		8–11 月 大果期
	九月		9– 隔年 5 月 熟果採摘期
冬	十月		
	十一月		
	十二月		
春	一月		
	二月		
	三月		
夏	四月		
	五月		（摘採到 4、5 月）
	六月		

▲ 咖啡生長週期

44

技術層面

扦插繁殖模式，是可以使**品種純度**與**特徵一致性**達到最優化的方法，但其根系發展較為淺根性，抗災害能力比其他的繁殖法稍弱一些。

	優勢	劣勢
種子繁殖	生長性 抗逆性強	生長期長 較易變種
嫁接繁殖	縮短時間 保持母本性狀	技術層面高
扦插繁殖	繁殖快 不易變種	根系發展弱 抗災害力弱

▲ 種子發芽繁殖

▲ 嫁接繁殖

▲ 花芽形成

▲ 開花期

▲ 幼果期

▲ 大果期

▲ 熟果期

▲ 咖啡成熟度

四

WE MAKE A PERFECT COFEE
EVERY DAY & EVERY NIGHT

台灣的咖啡病蟲害

1 咖啡葉銹病

咖啡葉銹病為感染「**咖啡駝孢銹菌**」的咖啡樹，或稱咖啡銹病，而咖啡屬也是此病原菌的唯一寄主植物。其主要侵害多為**葉片**，在咖啡種植的地區皆可發現這種病蟲害。

- **感染模式**：孢子傳播
- **適合溫度**：10–35 ℃
- **台灣發病期**：9–10 月
- **活躍期**：11 月～隔年 1 月
- **症狀**：遭受感染的咖啡樹，隨著病原菌的發展與累積，初期會在葉片背面呈現淡黃色斑點，進而變成橘色，最後則轉為褐色。
- **影響**：寄生過程中如果痊癒，葉片會呈現部分黑色壞死。如果寄生程度嚴重，則會造成大量落葉。這兩種情況都會影響葉片的光合作用能力，影響咖啡質量與產能。
- **防治方法**：採用種植抗病性較強的咖啡品種，保持良好的田間管理，或是使用藥劑抑制，但目前尚未有根除方法。

▲ 葉銹病

② 咖啡炭疽病

這種病原菌性喜高濕溫暖環境,在潛伏期階段沒有病徵,待氣候環境條件適合病菌發展時,隨即發病並擴散。

- **影響**:咖啡炭疽病的感染通常會導致植物組織的萎縮或死亡,通常可能出現在幼苗、漿果、葉片、枝條上。

- **病徵**:初期伴有黑色斑點,擴散後成中心棕褐色、黑褐色外圍黃暈等不規則病斑。若是漿果感染,會使其感染部分凹陷乾扁,最終影響咖啡的生長和品質。

- **防治方法**:因菌種活躍於高濕溫暖的環境,寒冷乾燥可降低其感染能力,所以在田間管理可採調整灌溉模式,或是控制田間種植密度,以降低環境悶濕程度,抑制其傳播感染能力。

▲ 炭疽病

③ 咖啡果小蠹

咖啡果小蠹是目前咖啡作物危害最大的蟲害之一,最早發現於非洲,透過貿易運輸,傳播於大多數的咖啡生產國,繁殖能力極強。

其危害的部分為**咖啡漿果**,在咖啡漿果生成時,已交配的雌蟲鑽入漿果至內部,取食果仁,並築室產卵。孵化後的雌、雄蟲比例約 10:1,待成蟲交配後,受精雌蟲飛出至其他漿果進行產卵,持續下一次循環,而雄蟲不會飛行,將終生停留在果仁內部。

▲ 果小蠹

- **影響**：在漿果被侵入後，往往會破壞其物理性構造，造成漿果的菌種感染或死亡，影響其咖啡生長與品質，不建議飲用。

- **防治方式**：依蟲害侵入程度，使用不同方法：
  1. 使用誘捕器監控蟲害情況
  2. 收成後銷毀受侵害之漿果，以避免傳播
  3. 使用生物防治，利用其天敵如鳥類、寄生蟲、真菌性病原體（例如白殭菌等），降低蟲害密度。
  4. 若侵害過於嚴重，無法防治，則採用地區性清園，使咖啡樹重新生長，以利防治。

▲ 使用誘捕器

4 咖啡透翅天蛾

咖啡透翅天蛾通常生活在炎熱潮濕的環境中，會直接將卵產在咖啡樹上。卵為白色，呈現半透明，是小型的橢圓狀。

- **影響**：幼蟲喜在葉脈上啃食，而非葉緣，以便達到更好的掩蔽效果。

- **防治方式**：可使用藥劑防治。

▲ 咖啡透翅天蛾

5 介殼蟲

分為粉、黃、綠介殼蟲，廣泛分佈在高溫多濕的環境。

- **影響**：
  1. 經常集中在結果區或漿果上，會吸吮汁液，阻礙漿果的發育，產量減少，嚴重會造成枯萎死亡。

▲ 黃綠介殼蟲

2. 介殼蟲會分泌蜜露，會引發**煤煙病**，此黑色黴菌附著葉面，使得可行使光和作用的面積減少。

3. 分泌蜜露也會吸引螞蟻，而在螞蟻移動過程中也造成了蟲害的傳播，感染面積擴大。

🔸 **防治方法**：使用生物、藥劑防治。

▲ 粉介殼／綠介殼

▲ 粉介殼蟲

6 蚜蟲

蚜蟲主要集中在溫帶地區，由於台灣氣候濕暖，存在於台灣的蚜蟲品種大多數只行無性胎生繁殖。

🔸 **影響**：

1. 蚜蟲侵害的植物具有多種不同的症狀，如生長率降低、葉斑、泛黃、發育不良、卷葉、產量降低、枯萎、死亡。

2. 蚜蟲對於汁液的攝取，會導致植物缺乏活力，其特性同介殼蟲一樣，會分泌蜜露，覆蓋於植物表面，利於真菌的傳播，造成煤煙病，黑色區塊會影響光合作用，阻礙呼吸作用之進行，使植株衰弱甚至枯萎。

3. 會造成螞蟻的傳播，螞蟻會取其分泌的蜜露來當作食物，保護並運輸新孵化的蚜蟲至新植株上，形成特殊的共生關係。

🔸 **防治方法**：不只可以使用藥劑，還可剪除不必要的枝條，降低害蟲的繁殖。

▲ 蚜蟲

7 咖啡木蠹蛾

咖啡木蠹蛾主要分布在台灣中低海拔的區域。

- **影響**：主要危害植物的莖部，幼蟲自幼嫩枝條鑽入，沿木質部周圍蛀食，導致水分不能正常傳輸，造成被侵害枝條上部枯萎，而且易受風腰折。

- **防治方法**：剪除被害枝條、使用鐵絲插入啃食孔洞內殺死幼蟲、懸掛誘捕器以降低密度，或採用生物防治、藥劑防治。

▲ 木蠹蛾

8 枯枝病

枯枝病是一種由**真菌感染**所引發的枝條枯萎病，高溫潮濕時期為主要爆發期。

- **影響**：初期會使枝條和葉片嚴重喪失水分，最後枝葉褐化乾枯。嚴重感染的話，會使植株死亡。

- **防治方法**：可選擇種植抗病性較高之咖啡品種，或是使用修剪方式將感染枝條移除，若感染嚴重則需整株銷毀，並佐以藥劑徹底防治。

▲ 枯枝病

五 病蟲害的物理性防治法

田間管理

1. **合理施肥**：施肥目的是為了提升咖啡品質及產量，但是過度施肥就容易造成肥傷，使咖啡的生長機能受損，影響其防禦機制，造成本末導致。

2. **控制栽植密度**：適當的種植密度有利於咖啡養分的吸收，也可使園區內部的通風性佳，降低病蟲害的發生與傳播。

3. **採收**：採收後分離受病蟲害侵害之漿果，將其收集並銷毀，可有效抑制農損，避免再度傳染。

4. **除草**：定期除草，避免分散咖啡樹養分，亦可減少病蟲害滋生，雜草經分解後，也可當作綠肥使用，增加土壤肥力，提升咖啡樹吸收養分，並增加其抗逆性。

5. **灌溉**：監控園區內部真菌感染的情況，對於易受感染之產區，要調整灌溉模式，以淹灌或滴灌為主，避免孢子傳播。

▲ 控制栽植密度

▲ 採收

▲ 灌溉

修剪枝葉

修剪枝葉的方式，分為齊頭式修剪、局部修剪、傘狀修剪，各有其優缺點與適用的狀況。

1 齊頭式修剪

這是國外產區最常使用的修剪方法，使用鋸子在離地約三十公分處齊頭截斷。

其優點是不需大量人力及技術，可以快速修剪，但缺點是需要二至三年才會恢復產量，而且新生的枝條相對脆弱，容易折損，不適用於常有颱風環伺的環境。

▲ 齊頭式修剪

2 局部修剪

這是咖啡樹經常性的修剪管理方法，將徒長枝去除，以避免徒長枝吸取大量養分，造成營養分散。在較稀疏的枝條狀態下，養分不會被過多分散，讓養分集中可使漿果品質達到最佳狀態。

把過於緊密的枝條剪除，也可使咖啡園內部處於通風良好的狀態，蟲害不容易寄生，疫病的滋生也可受到抑制。

▲ 局部修剪

3 傘狀修剪

這是嘉義縣阿里山區（鄒築園咖啡莊園）最新採用的修剪方式。利用機器（剪枝機）剪除離地高度150–160公分以下的老化枝條，主幹完全保留，優點是產量可在一年後快速恢復。而保留主枝幹的目的，是預防台灣颱風季可能造成的損害，不會因主幹脆弱而嚴重折損，這種修剪方式很適合台灣產區。

修剪的枝條葉片，如果遭受病蟲害感染，要集中銷毀，以避免交叉感染，維持園區衛生環境。

◆ 傘狀修剪

六 增加設施和水土保持

台灣土地狹小，加上與高海拔茶葉和其他產業面積的競爭，沒有太多土地可以利用，所以要將現有的土地，發揮到最高效益的模式。

以阿里山鄒築園為例，前期土地的整備會使用大型機械整地，將園子中的障礙物全部清除，再利用挖出的大型石塊，疊砌成石牆，小碎石則埋入深處，使園區土地約三公尺深度完全沒有大型石頭。

這種模式可以讓土壤保持透氣、排水良好的狀態，也可使咖啡樹根系在無阻礙的狀態下快速深根。同時土地也因整坡後的地勢平緩，使得田間管理極為便利，也對水土保持發揮到正面的作用。

土地整備完成後，立即鋪設灌溉系統，可在乾燥季節和雨水不足時輔佐使用，讓咖啡樹的生長處於最好的狀態，亦即可以在**水分充足**、**土壤濕潤**、**不積水**的環境下生長，進而創造最高效益。

良好的種植環境，不但可以有效地利用有限環境，更可以形成自然生態的循環模式，使得發展與保育可以同步進行。

❶ 土地整備前

❷ 土地整備後

❸ 古法疊砌石牆
　 使土壤透氣排水容易

❹ 發展與保育同步進行

品種的差異

採收的成熟度會因**品種**及**環境**的不同，顏色深淺亦會有所差異，有些品種要接近紫紅色才能算成熟，有些只要鮮紅色就達到完全成熟的狀態。

以特殊色系品種為例，例如黃波旁等，成熟時呈金黃到橘黃等顏色，即為成熟可採收狀態。

▲ 黃波旁

高海拔產區

產區的海拔高度也會影響到咖啡熟度的判斷。高海拔的地方，因均溫低、日夜溫差大，成長速度緩慢，所以採收期相對比低海拔的產區慢，採收期也更為延長。高海拔的寒冷種植環境，採收時間約 3 在 11–12 月開始，至隔年 4–5 月結束。

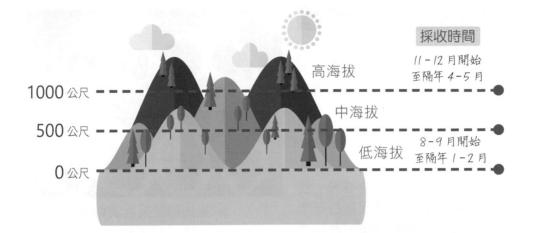

採收時間

高海拔　11－12 月開始
　　　　至隔年 4－5 月

1000 公尺 - - - - - - - - - - - - -

中海拔

500 公尺 - - - - - - - - - - - - -

低海拔　8－9 月開始
　　　　至隔年 1－2 月

0 公尺 - - - - - - - - - - - - -

而因漿果生長速度緩慢、轉色速度也緩慢，在此種成長狀態下可累積非常多的風味物質，等到成熟的狀態下採收，漿果內部飽滿程度達到高點，可生產的風味品質極高。漿果品質的重點，就在於漿果果仁的養分累積之多寡。

但也因成熟時間緩慢，採收時期常遇寒害、霜害等，需要更多人力物力進行微型批次管理。

🌢 漿果品質的重點在於漿果果仁的養分累積之多寡

🌢 **優點**：風味特色佳
🌢 **缺點**：產量少、採收期長、批次多、寒／霜害

🌢 漿果採收時期常遇寒害、霜害等

第二章　田間管理與後製處理

七　採收管理

57

低海拔產區

低海拔的種植環境，因為氣候炎熱會使咖啡生長快速，病蟲害容易滋生，而採收期平均在 8–9 月至隔年 1–2 月。

低海拔產區的咖啡果皮轉色速度快，但其漿果也因快速成熟，使得果仁密度較低，進而果仁可累積的風味物質也相對少。在這樣的狀態下採收，易產生成熟不足或風味相對缺乏的咖啡，但也因成熟快速、集中，使得採收期及採收批次可集中且大量，便於田間及後製批次管理。

▲ 採摘時漿果批次管理

- **優點**：產量高、熟度集中、容易管理
- **缺點**：風味缺乏、病蟲害多、甜度低

為產出品質最佳的咖啡生豆，生產者打造優質栽種的環境，進而選取特色有潛力的品種，加上完備的田間管理跟農作技術，採收時的漿果管理也要有**相對的分級**，環環相扣才能夠製作出高品質的咖啡生豆。

過程中若有不慎，最終也只能產出商業規模之低價高成本的咖啡生豆，使得生產者血本無歸。

▲ 不良的採收狀況

漿 果和豆型

漿果內部構造

果皮 (skin)

果肉 (pulp)

果膠層 (mucilage)

羊皮層 (parchment)

銀皮層 (silver skin)

果仁 (bean)

豆型區別

1 單豆（peaberry）

又稱圓豆、公豆，外觀呈現橢圓形，漿果粒徑最小，內部只有一瓣有效種子，另一瓣因未受精、受損或營養不良而未發育完全，所以成扁平狀。這種類豆型的成因，最常與基因遺傳或環境及田間管理有關。

一般來說，單豆占咖啡總產量的5–20 %，其比例的多寡，和環境及田間管理的掌握成反比。越良好的管理狀態，單豆出現的機率越低，反之則越高，也代表整體產量的減少。有的產區會聲稱這是一種特殊且產量稀少的豆樣，是特別挑選的，轉而以較高單價售出。

單豆	平豆	多心豆
占 5–20 %	占 80–95 %	占 2–3 %

2 平豆

又稱為母豆，是最常見的豆樣。外觀上有一面是扁平的，種子、漿果粒徑居中，漿果內部具有兩瓣的有效種子，種子粒徑大於圓豆，是所有豆型中最具效益、營養最佳的種類，占總產量比例 80–95 %。

3 多心豆

外觀呈三角形，多在特定的樹型中出現，如矮種短節間系列。漿果粒徑最大，漿果內部具有三瓣種子，單體種子體積小，產出比例占咖啡總產量約2–3 %，數量極為稀少。

▲ 單豆

▲ 平豆

▲ 多心豆

九　田間管理和營養元素

先了解咖啡作物生理、栽培環境及肥培管理，才能有效的達到目標。台灣農業技術進步，若結合現代技術並輔以科學精緻化管理，可將田間管理達到最理想狀態。

使用科學儀器檢測環境條件，收集及分析數據，例如土壤酸鹼值、巨量／微量元素等，進而針對性調整田間的管理模式，才可以達到效益最佳化。譬如合理化施肥，這樣才不會因過多的肥料，造成環境影響、土壤酸化或是植株肥傷，減低生產成本及環境負擔。

為了精準確實地有效管理，前述鄒築園咖啡莊園近年與實驗室合作，分析收集的數據，研究植株的樹勢、性狀，將其結果結合，並對應至田間管理，簡化成可直接觀察咖啡樹外觀，並判斷其缺乏何種元素或過剩，進而增減所需元素的補充。再利用含有巨量元素的傳統型地面肥料及微量元素的液態葉面肥，雙管齊下，以期達到最佳效能。

▲ 肥培管理

▲ 傳統型地面肥料

▲ 液態葉面肥

咖啡樹所需的營養元素

1 氮 (nitrogen, N)

氮是咖啡生長的必需元素,具有以下功能與影響:

氮的化學符號和原子量

- 是每個細胞的組成分
- 控制咖啡樹的氨基酸、蛋白質和葉綠素等合成
- 能夠促進光合作用、控制植株賀爾蒙等
- 影響咖啡的生育期、發展期等等

氮的多寡會造成以下的影響:

- **氮素充足**:會使咖啡樹枝葉繁茂、葉色濃綠,生長健壯。
- **氮素不足**:會影響蛋白質合成,造成發育不良,導致植株矮小、瘦弱,也因葉綠素合成受阻,導致葉片黃化。
- **氮素過多**:會使枝條徒長、葉片生長過剩、分散過多養分,也易使園區通風性降低。

▲ 缺氮導致葉片黃化

2 磷（phosphorus, P）

磷是**核酸**、**磷酸**、**蛋白質**和**酶**的重要組成成分，參與呼吸作用與光合代謝，促進醣類在植株內的運輸和固氮等作用，影響咖啡根系的生長發育、開花座果及種子填充等。

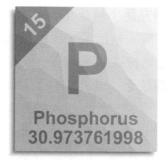

磷的化學符號和原子量

- **磷充足**：咖啡的生長發育良好，抗性增強。
- **磷不足**：植株代謝過程受到抑制，蛋白質及核酸的合成受到阻礙，使植株生長遲緩或停滯，外型瘦弱，根系發育不良，樹型特別矮小。也因植株醣類運輸因缺磷受阻，累積在葉片、葉梢等，進而呈現出紅色或紫色。
- **磷過多**：會使呼吸作用過於旺盛，消耗大量醣類，過早發育使得植株早衰等症狀。

▲ 缺磷導致葉片現出紅色

3 鉀（potassium, K）

鉀多半集中在植株代謝旺盛的部分，其作用可調節水分、能量代謝，參與物質運輸，促進澱粉、蛋白質與脂質的合成，提高抗逆性，也是多種酶的活化劑，在糖類與蛋白質代謝以及呼吸作用中，具備重要角色。

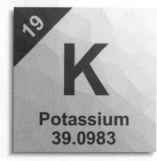

鉀的化學符號和原子量

- **鉀充足**：植株生長的莖葉強韌，抗逆性高，如抗旱、抗寒或抗病蟲害等等，也能提高漿果品質，對漿果著色良好。
- **鉀缺乏**：葉片中心葉脈的鉀元素會高於葉尖，所以一般外觀變化會先由葉緣葉尖開始顯現，逐漸轉黃進而變褐甚至焦枯，影響咖啡樹的養分吸收。

▲ 缺鉀導致葉緣、葉尖變褐甚至焦枯

---

4 鈣（calcium, Ca）

鈣構成細胞壁，促進根系及葉片正常生長，影響果實的成熟與硬度以及果實抗逆境，防止落果。

- **缺乏鈣**：新葉由葉緣開始出現淺綠色狀脫色，也呈現不規則捲曲，嚴重時黃化或焦褐化；而根系部分也易建立不完全，使得發育不易。

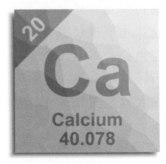

鈣的化學符號和原子量

▲ 缺鈣導致葉緣出現狀脫色呈現不規則捲曲　　▲ 缺鈣導嚴重時葉片黃化或焦褐化

5 鎂（magnesium, Mg）

鎂能夠促進葉綠素合成、種子萌發。

💧 缺乏鎂：老葉脈間黃化，黃化部分
逐漸由氮綠轉化為黃褐色或白色，
嚴重缺鎂食，亦形成壞死斑塊。

▲ 缺鎂導致老葉脈間黃化
嚴重時形成壞死斑塊

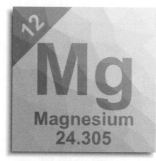

鎂的化學符號和原子量

6 硫（sulfur, S）

硫合成胺基酸與蛋白質、葉綠素、抗病
性、生產種子、花粉形成。

💧 缺乏硫：症狀通常顯現在幼葉上，
容易使得植株矮小，新葉普遍黃化，
葉片容易脫落，植物生長緩慢。

硫的化學符號和原子量

植株不同時期所需營養元素

春
一月
二月
三月

1-3 月
磷 硫
花芽期 ▶▶ 促進開花座果

夏
四月
五月
六月

3-4 月
鎂
開花期 ▶▶ 細胞分裂及發育

5-7 月
鈣 氮 磷 硫
幼果期 ▶▶ 種子填充

秋
七月
八月
九月

8-11 月
大果期 ▶▶ 果實轉色與成熟
▶▶ 糖分累積

冬
十月
十一月
十二月

9-隔年 5 月

熟果期

春
一月
二月
三月

夏
四月
五月
六月

十　後製處理

1. 後製處理的關鍵要素

咖啡色後製處理法中的關鍵四要素：

- 溫度
- 糖分
- 時間
- 微生物

發酵

▲ 咖啡豆後製核心概念

水對於處理法的影響包括：

- 發酵
- 酸甜

沒有所謂完美的咖啡品種，也沒有完美的處理法。然而我們可以了解不同咖啡品種潛在的風味特性和優缺點，並且透過處理法（例如二氧化碳浸漬法）來控制發酵，這樣就可以強化咖啡的優點並修飾掉缺點。

當我們在發酵這個環節得到良好的處理數據時，我們就可以複製出這個美好的風味了。

▲ 咖啡豆的發酵

2. 水洗處理法

1 特色

充分去除咖啡漿果中的果糖、果膠，乾燥迅速，風味明亮。易表達品種、產區風味和莊園特性。

2 程序

1. 浮豆篩選
2. 去皮
3. 發酵
4. 水洗
5. 乾燥
6. 去殼

3 優缺點

1. **優點**：快速、穩定、簡單、製作量大
2. **缺點**：水源匱乏區無法使用、風味單一

4 重要概念

1. 發酵的原因是為了要去除果糖、果膠，而之所以要去除果糖、果膠，是因為：

   (a) 快速乾燥

   (b) 穩定的後製

   (c) 簡單的處理

   (d) 品種產地風味辨識

2. 台灣阿里山地區後製乾燥時間，大約 7 天（每日都是好天氣），在無乾燥機械的情況下，失敗率為 20 %。

3. 漿果採收、去皮之後，進行發酵，脫膠後使用大量清水洗去果糖等成分，再進行乾燥，其成品可將豆子最原本的樣貌呈現出來。

4. 因為糖分等物質皆被洗去，所以風味的呈現相對來說，顯得單一、乾淨、穩定，是容易大量複製的一種基本處理模式，使用天然乾燥模式的成功率可達 80 %。

5. 發酵方式可概分為「乾式發酵」與「濕式發酵」，以台灣高海拔產區為例，因應環境溫度，較常使用乾式發酵。

3. 蜜處理法

1 特色

保留咖啡漿果中的果糖、果膠、乾燥中糖分保留些許的發酵氧化,而產生不同程度的醣類褐變,由淺至深分別為「白蜜」、「黃蜜」、「紅蜜」、「黑蜜」。

2 程序

1. 浮豆篩選
2. 去皮
3. 帶膠乾燥
4. 去殼

3 優缺點

1. **優點**:不需要大量水源,風味甜感較水洗法增加。
2. **缺點**:果膠黏稠不易翻動,糖分容易隨氣候產生變化,乾燥時間比水洗豆長。

4 重要概念

1. 保留果膠進行發酵的原因是為了:
   (a) 提升水果果糖的香氣
   (b) 增加酸甜的口感
   (c) 風味上的提升

2. 台灣阿里山地區後製約 15–20 天（每日都是好天氣），在無乾燥機械的情況下，失敗率 70 %。

3. 製程為**在漿果採收、去皮之後，保留原有果糖、果肉等成分，來進行乾燥**，製造過程靠天然乾燥模式的成功率為 30 %。

4. 過程中的重點在於**果糖含量**，如果漿果糖分不足，可供產生反應的原物料不足，製作出的蜜處理風味會較不足。也因此，採收之後，**漿果處理法的選擇**是很重要的。例如連續降雨後，漿果吸收飽滿的水分，會稀釋降低甜度，這時候選擇蜜處理法的風險就會提高，一則不易乾燥，二則風味層次變弱，所以要事先考量到這些狀況。

5. 含糖量也會因海拔環境、田間管理、漿果成熟度、天氣因素等原因而有所影響。蜜處理依照褐變程度，外觀分成白蜜、黃蜜、紅蜜、黑蜜等不同發酵程度，其所呈現的風味亦會有所不同。愈前者，口感表現越趨近水洗的乾淨感，愈後者，愈接近日曬處理的複雜感。

6. 蜜處理法在**製作上的困難點**，包括在乾燥過程中，會因為果膠的沾粘而不易翻動；也容易受天氣的影響，使得乾燥過程的困難度增加；而乾燥的時間一旦加長，糖分的褐變過程就比較不易控制；此外為了保留糖分，不經過浮力篩選，也使得瑕疵豆不好剔除。

7. 因此建議在基礎處理法上有一定的掌握，而且莊園具有乾燥設備的條件之下，再選擇蜜處理法。

▲ 白蜜

▲ 黑蜜

4.日曬處理法

1 特色

保留漿果中的果皮、果糖、果膠，乾燥過程中因為時間比較長，果糖的發酵會產生各種風味，例如水果甜酒、水果烈酒、水果醋、醬菜、酸筍、豆瓣醬等風味。

2 程序

1. 浮豆篩選
2. 鋪平日曬（烘乾）
3. 去皮、去殼

3 優缺點

1. **優點**：不黏稠，翻動容易，不需要水源
2. **缺點**：乾燥時間長，風味不易穩定，易產生負面風味

4 重要概念

1. 保留果皮、果膠發酵的原因是為了：
   (a) 產生水果型態的風味
   (b) 水果發酵的豐富香氣
   (c) 醋酸產生厚實的口感
   (d) 發酵產生的強烈酸質

▲ 純太陽日曬

2. 在台灣阿里山地區後製約 30–40 天（每日都是好天氣），在無乾燥機械的情況下，失敗率 100 %。

3. 日曬處理法又稱為自然處理法，其製成為採摘漿果後，直接進行乾燥，使糖分發酵，過程中糖分褐變情況，與蜜處理法相似。

4. 糖分的管理很重要，內部糖分的轉變，從透明轉換成黃色、橘色、紅色、褐色直至黑色。

5. 日曬處理法要製作出良好且穩定的風味，在三大處理法之中，所要求的條件最高，需要狀況極佳的漿果。而且如果採用天然的乾燥處理模式，成功率幾乎為零。這是因為在咖啡漿果不透氣的外果皮包覆下，水分不易排出，所以乾燥時間是所有處理法中最長的。發酵風味也會更加強烈且集中，風味表現的強度與層次多於其他處理法。

6. 發酵是自然的化學變化，隨著時間的遷移，風味會往下一個階段發展，其變化是不可逆的進程。因此要停止程序的前進，只能藉由乾燥咖啡，將生豆中的含水率控制至 11 % 左右，發酵就會停止，用以控制風味。

▲ 失敗的日曬豆

7. 在高海拔地區，果糖發酵的風味轉變如下：

糖	甜酒香	烈酒香	醋酸感	醬酸感	腐乳感	酸敗感
0 天	10 天	20 天	30 天	40 天	50 天	60 天

8. 台灣產區因雨季較長，濕度較高，單純利用太陽進行曝曬、乾燥咖啡，效率不佳，很容易受天氣影響，極不穩定。洗去糖分後的水洗處理法，可以在太陽乾燥的過程中，有較高的成功率完成處理，但是沒有去除果膠的蜜處理，以及沒有去掉果皮的日曬處理法，在單純陽光乾燥的環境下，失敗率較高，產品的不穩定性也會隨之飆高。

9. 前述鄒築園咖啡莊園與機械業者共同設計出穩定度極高的**滾筒乾燥機械**，可設定乾燥溫度、轉速、頻率，故可尋找出最佳的乾燥數據。此法可一再複製最好的風味數據，不用再依靠不穩定的天氣狀態來進行後製，產出無法控制和參差不齊的風味，對莊園的定位產生困擾。機械乾燥的失敗率也趨近於零，對於要生產高單價、特殊風味、穩定品質的莊園，是重要的設施。

▲ 乾燥機烘乾

5. 厭氧處理法、二氧化碳浸置法

「厭氧處理法」和「二氧化碳浸置法」這兩種處理法多為採摘漿果後，利用不同的外部環境，控制其溫度與氣體，將其打造成少氧或是二氧化碳的狀態，而且適應此環境的強勢菌種，會產生不同的代謝途徑，完成後風味會更圓潤，會有豐富的層次風味，容易產生**奶油**和**優格感酒香**。

6. 咖啡豆乾燥完成條件

不管咖啡豆使用何種乾燥方式，生豆最終的乾燥程度非常重要，乾燥後的**生豆含水率**以**11 % ±1** 為最佳。

💧 **含水率高於 12 %**：容易使咖啡發生質變，在杯測時容易會出現負面風味。

💧 **含水率低於 9 %**：雖然不易產生質變，但會因過低的含水率，造成生豆無彈性且易碎，除了在加工去果殼時造成破損外，風味也較易消褪。

▲ 厭氧處理法：乾燥期

▲ 厭氧處理實驗批次照

7. 咖啡豆後製的常見問題與思考

- 熟成環境與儲存環境
- 帶殼保存與不帶殼保存

在帶殼豆的狀態下，使用**水洗處理法**的生豆，可以省略帶殼熟成的階段。在外殼沒有含糖物質的包裹下，並不會影響其風味變化，可盡早去殼篩選後入倉庫，也可減少倉儲空間。

而**蜜處理**跟**日曬處理**的帶殼豆，需要後熟成，耗時三至六個月，在此過程中可使生豆吸收果膠變化後，衍伸出的特殊風味物質。

帶殼熟成環境無日照、低濕且低溫為最佳，而生豆儲存則建議在密封且恆溫、恆濕的環境為最佳。

對於乾燥完成的生豆，**儲存**是一個非常重要的問題。若離生產時間距離一年以上的生豆，為了減緩老化速度並保留風味物質，儲存的環境條件需要優先考慮的。就台灣多雨且潮濕的氣候環境而言，恆溫、恆濕的倉儲環境是必要的，將生豆放入穀物袋內綁牢後，裝進不透光且密閉的容器內，並控制室溫10–20 度內，相對濕度 60 % 以下。不管是哪一種處理法的生豆，皆可使用這些條件來保存。在環境穩定的倉庫中，生豆風味可以延長至一年以上。

▲ 生豆儲存桶　　　　　　　　▲ 生豆用穀物袋

▲ 恆溫恆濕倉儲系統

8. 完成後製的分類分級

現有分級方式：

1. 大小
2. 密度
3. 海拔
4. 瑕疵率

目前咖啡生產國的分級制度，皆有
不同的標準，但都是為了將咖啡生
豆分級銷售，不同層級對應至不同
售價，完善了產品線，並滿足不同
需求的消費者。

在台灣，常見的分級方式融合了精品咖啡協會（SCA）的
瑕疵標準及**杯測鑑定**：

1. 首先以生豆的瑕疵率來做初步的物理篩選
2. 再以杯測來分析生豆所呈現的風味特色
3. 生產者依據評分結果並綜合判斷後，最終才訂定價格。

這種分級分價制度雖說過程繁複，但可兼備全面向考量，
是最適合台灣產區的分級模式。

資料來源

1. 蔣德安（2018）。植物生理學。台北市：五南。

2. Coppens, B. (2019) Cephonodes Hylas "Coffee bean Hawkmoth"

3. https://breedingbutterflies.com/cephonodes-hylas-coffeebean-hawkmoth/

4. 蚜蟲 (n.d.) https://biowebofzell.weebly.com/3446034802.htm

5. https://zh.wikipedia.org/wiki/ 咖啡駝孢銹菌

6. https://en.wikipedia.org/wiki/Coccus_viridis

7. https://zh.wikipedia.org/wiki/ 蚜蟲

8. 農業試驗所（2017）https://azai.tari.gov.tw/aisearch/datasheet.html?id=241

9. https://varieties.worldcoffeeresearch.org

咖啡感官

第三章

探索自己從五感開始

五種感官

人體，是一部精密巧妙的機器；感官，是上天賜與我們探索這個世界最好的禮物之一。告子曰：「食色，性也。」人們喜歡品嚐美食，喜歡看美好的事物，這是天性。

從呱呱墜地那一刻開始，我們便開始透過感官來認識這個奇妙的世界。我們的頭部，血管和神經系統分布最密集，也有著最敏銳的五種感官受器，

譬如嘴巴這個觸覺受器。還記得我們小時候常常會用嘴巴來探索這個新奇的世界，像是我們會用嘴巴去咬東西，也會去親吻東西或是別人。

我們也具有敏感的嗅覺，而且嗅覺記憶對我們來說特別深刻，像是媽媽廚藝的味道，會勾起遊子的鄉愁。

視覺 Vision

聽覺 Hearing

物理感官特性

觸覺 Tactile

嗅覺 Olfactory

味覺 Taste

化學感官特性

感官的誤區

視覺

M牌速食食品大廠曾經做過一個實驗，拿著兩份自家薯條，一個用自家M品牌包裝，另一份用D牌星級餐廳的外包裝上，讓顧客試吃，其中還有美食達人在其中。當大家在試吃時，每個人都一致的對D餐廳的薯條好評，甚至當場有人直接比較，還振振有詞地覺得M牌的薯條是比不上D餐廳薯條的美味。當然，實驗結果公布後，跌破大家的眼鏡。

像這樣的實驗比比皆是，品牌迷思一直是人們很容易陷入的窘境。人們天性喜愛美好的事物，我們的大腦非常容易受到視覺的影響。不同的成長經驗和生活環境，都會深刻地影響到人們的看法和感受。

在咖啡界也常常有類似的笑話。舉個例子，有一次參加一場咖啡生豆的分享會，現場有衣索比亞的耶加雪菲咖啡豆、巴拿馬的藝妓咖啡豆等等各種生豆。未料，由於工作人員的疏忽，把介紹這兩支豆子的產區和風味的名牌，對調放錯了。結果在品嚐的過程中，許多與會者對那支藝妓咖啡讚美的聲音不絕於耳。大家不難想像當時候的尷尬情景吧！

我們常說「眼見為真」，真的是如此的嗎？此時只能說我們其他的感官並沒用使用上，而是讓視覺感官主導了。這些例子告訴我們，在品鑑時不要左顧右盼地看其他人表格的註記，或是太過信任風味卡上面的描述。

聽覺

聽覺這個感官，無法像眼睛和鼻子那樣，可以由我們的意志來關閉。聽覺也是在我們睡著了之後，還能繼續運作的感官。我們安裝的消防火災警報器，或是每天早上叫我們起床的鬧鐘，就是很好的例子，能夠在我們睡著的時候把我們吵醒。

「道聽塗說」這個成語傳神地描繪了我們的問題。我們常常有這樣的過失，就是聽了東家長、西家短的話之後，再搬弄那些話，而且講得好像自己親身經歷了一樣。

這樣的事在咖啡界，竟也是家常便飯。例如，一群人在品鑑咖啡時，會因為別人一直説出來他所喝到的風味，我們竟也在不知不覺中感受到了這個風味。這是我們被周遭環境所影響了，而不是我們感官真正辨識出來的風味。

嗅覺

鼻子是一個精密的感應器，搭配大腦的記憶庫，可以嗅出上萬種不同的氣味。那麼，氣味到底是什麼呢？

氣味是飄在空氣中的微量細小分子，這些分子經由我們鼻子嗅聞後，再來辨識出這是我們所喜好的香味還是厭惡的臭味。這樣的機制是如何產生的呢？

嗅覺的運作機制

在頭顱鼻腔上方，有個嗅覺受器「**嗅上皮**」，嗅上皮延伸到鼻腔，鼻腔纖毛上有著近四百種的嗅覺受體，每一種受體的形狀各異。

藉由氣味分子與不同形狀的嗅覺受器結合後，嗅覺細胞會將電訊號傳送至**嗅小球**，由嗅小球匯集電訊號後，再重送至大腦的**嗅覺皮質**作分析，也一併送至大腦的其他器官，然後根據以往的經驗和記憶庫資料，進行判斷。

其所依據的判斷，是由杏仁體（amygdala）根據以往經驗，判斷氣味是喜歡的還是厭惡的，然後再由海馬迴（hippocampus）搜尋嗅覺記憶庫，判斷以前是否嗅聞過，並確認是何種風味。

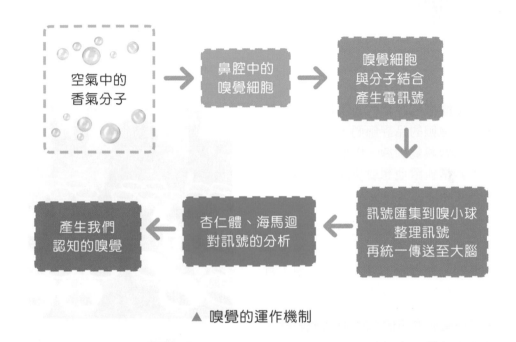

▲ 嗅覺的運作機制

鼻前嗅覺與鼻後嗅覺

嗅覺又可細分為鼻前嗅覺和鼻後嗅覺兩種。

● **鼻前嗅覺**：物品的芬芳物質分子飄逸在空氣中，再由鼻子自然吸氣到鼻腔中所嗅聞到的氣味。
● **鼻後嗅覺**：食物經口腔咀嚼與唾液混合後，芬芳物質分子經由咽喉部，再飄逸到鼻腔中所嗅聞的氣味。

二 嗅覺記憶的練習

一開始接觸感官評鑑的新手們,或是新拿到評鑑證照的品評師們,可能會迫不及待地想做嗅覺訓練,以增進自己的能力,也非常雀躍地想要快速熟悉並辨識出所有的味道。

這時多吃蔬果類的食物是最好的方式。但是一下子要吃下那麼多食物來學習是有難度的,所以我們可以藉由科學工具的訓練,在短時間內來達到效果。

依據目前業界常用的 **SCA 咖啡風味輪**,咖啡風味物質主要可分為三大組:

- 酵素反應生成物
- 醣類褐變反應生成物
- 焦化過程生成物

1 第一組「酵素反應生成物」

這一組的芳香化合物，來自於當咖啡還是活的有機物質時，所發生的**酵素反應**。主要由**酯類**和**醛類**組成，分子量小（較輕），是最具揮發性的組別，最常發現於現磨豆子的乾香之中。酵素反應生成物，可進一步分為三大基本類別：

1. 花香類　　2. 果香類　　3. 草本類

咖啡中的酵素反應生成物，是咖啡中最為珍貴且最能代表風土特性的風味之一。

2 第二組「醣類褐變反應生成物」

這是**焦糖化**的生成物，分子量中（中等），屬中度揮發性芳香物質，由烘焙過程中的焦糖化反應（caramelization）產生的芳香化合物所組成。這一組也可分為三大類：

1. 堅果類　　2. 焦糖類　　3. 巧克力類

3 第三組「焦化過程生成物」

這是從咖啡豆纖維的**焦化（燃燒）**過程中，所產生的芳香化合物，主要由**雜環化合物**、**腈類樹脂**和**碳氫化合物**所構成，分子量大（較重），揮發性極低，最常見於現煮咖啡的鼻後氣味，包含三大基本類別：

1. 松脂類　　2. 香料類　　3. 木質味

第二類和第三類風味生成物，都是經由烘焙所產生，生豆本身的品質越好，所產出的風味越豐富，例如榛果、甜巧克力，松木、高級香料等。

三 感官的訓練

運用香瓶來作嗅覺訓練

香瓶訓練是市面上針對咖啡風味訓練最直接的方法。目前最廣泛使用的咖啡風味香瓶，由以下兩家公司所出產：

- ◆ Le Nez du Café - Revelation 36 aromas
- ◆ SCENTONE - Coffee Flavor Map T100

▲ 香瓶

1 Le Nez du Café - Revelation 36 Aromas

風味上分為四大群組：

1. Enzymatic 酵素風味
2. Aromatic Taints 瑕疵風味
3. Sugar 焦糖化風味
4. Dry Distillation 乾餾風味

2 SCENTONE - Coffee Flavor Map T100

風味上細分為十大群組：

1. Tropical Fruit 熱帶水果類
2. Berry-Like 漿果類
3. Citrus & Other Fruits 柑橘類及其他水果
4. Stone Fruit 核果類
5. Cereal & Nut 穀物及堅果類
6. Caramel & Chocolate 焦糖及巧克力類
7. Herb & Flower 草本及花類
8. Spice 香料類
9. Vegetable 蔬菜類
10. Savory & Others 鹹味及其他類

以上，這些氣味香瓶是我們生活周遭上比較常見的氣味。

以 SCENTONE 香瓶為例，紅糖、焦糖、楓糖漿為一組別，摩卡、黑巧克力、牛奶巧克力為一組別，以此類推將相近的風味放在一起記憶，這樣學習嗅覺記憶就可以加快許多。

從日常生活訓練

香瓶的訓練，固然快速，但真實性比較不足。因為大自然中的風味不會如此的單調、固定，所以**從日常生活中的食材去記憶**，是有必要的。

每當我們在飲用果汁時，即使我們沒看到水果的樣貌，我們依然能夠清晰地辨識出是什麼果汁，這是為什麼呢？因為在我們的嗅覺記憶中，我們曾經吃過或飲用過，所以能輕易辨識出喝下去的果汁。

在我們日常生活中，較常接觸、風味強度也較強烈的水果，有芒果、鳳梨、香蕉、草莓等等。我們如何進一步去提升自己的分辨能力呢？建議可以去水果攤**買同樣的水果，但不同的品種來嚐試**。例如蘋果的種類很多，我們可以買各種不同的品種，來比較風味、甜度、酸值的差異性。檸檬跟萊姆也是很好的比較範本。還有，柑橘、柳橙等等水果，都是我們可以輕易購買來練習的水果。

另一個訓練方式，是**用喝的方式來練習**，這個方式會讓我們不受咀嚼後的影響。我們可以請朋友幫忙到現打果汁攤，買杯綜合果汁，口味任挑，讓你用盲飲方式辨識出內含的果汁。一開始，我們會很難辨識出味道，所以我們可以從綜合兩種不同果汁開始，一步步地往上添加更多種組合的果汁來做自我訓練。

芬芳香味的感受

芬芳香氣的感受是「立體的」，
分別為：

♦ 前、中、後段風味

♦ 上揚、中層、低沉的風味

咖啡中的芬芳物質，就像我們平
常在選擇香水一樣。因為香水是
混合香，隨著時間的進展，會有
不同的香氣變化。咖啡雖然不如
香水有明顯清楚的氣味轉變，但
是當你細細品嚐，也會因著時間
進展（急短的瞬間），而有不同
層次的風味感受。

在我們的日常生活中，**上揚型**的
風味和**低沉型**的風味是常常出現
的。善用這一點，我們就可以更
清楚地辨識出兩杯相似的咖啡在
細膩的風味上有何差異。

味覺

舌頭除了用來溝通，也是我們的品嚐工具。德國學者 Dirk P. Hänig 在 1901 年發表的論文中提出了**味覺地圖**（tongue map），指出四種基本味覺「酸、甜、苦、鹹」在舌頭感受上的主要分布區域，但舌頭上各個部位都能感受到四種基本味覺。

1942 年，哈佛大學的 Edwin G. Boring 在翻譯成英文過程中，造成了一些學者的誤解，令大眾誤以為舌頭只能品嚐出四種味道，以為舌頭上的品嚐區是有區域劃分的。

1974 年，Virginia Collings 重新設計實驗，指出味覺地圖的不正確。 2002 年，Kaoru Sato 學者證實味覺地圖的錯誤，並重新定義味覺地圖。

基本味覺	受體家族	受體成員
酸	離子通道	氫離子
鮮	T1R G 蛋白耦合受體	R1、R3 Dimer
鹹	離子通道	鈉離子
甜	1R G 蛋白耦合受體	R1、R3 Dimer
苦	T2R	G 蛋白味導素

▲ 味覺與受體

味覺細胞

味覺是化學刺激的感覺，人體的味覺感受器為味蕾。味蕾由基底細胞、支持細胞和味覺細胞（gustatory cells）組成，每一個味覺細胞尖端具有微絨毛突出於味孔，與第 VII（鼓索顏面神經）、IX（舌咽神經）和 X（迷走神經）對腦神經的感覺神經纖維相接。

味蕾主要位在舌頭黏膜的輪廓狀乳突（多分佈於舌根）、葉狀乳突（分布於舌側的皺摺）和蕈狀乳突（多分布於舌尖和舌側）。

會厭、軟顎和咽部等處也有味覺細胞分佈。

基本五味

酸 自然界中酸味的來源除了植物本身產生的有機酸外，還有食物腐敗所產生的酸，因此辨識酸味是人類避免吃到腐敗食物的防禦方法。

鮮 鮮味的形成主要源自於**胺基酸**或**核苷酸**等分子，常用於增加食物鮮味的味精，即為**麩胺酸鈉鹽**（monosodium glutamate, MSG），這就是一個很好的代表。

甜 甜味主要來自於**碳水化合物**。

鹹 鹽類為人體維持生理反應平衡不可或缺的物質。引發鹹味的物質主要是**鈉離子**，以及少數一價陽離子，包括**鋰離子**、**銨離子**或**鉀離子**等。

苦 苦味的產生除了離子外，主要是來自於動、植物及蕈類中的**有機鹼分子**（alkaloids）。自然界的有機鹼，常具有毒性胺類分子，因此辨識苦味也是人體的防禦機制之一。

練習 味覺

1 單味練習

我們的味覺，能夠品嚐出來的有酸、甜、苦、鹹、鮮五味。一般我們可以自行調配 CQI（國際咖啡品質協會，Coffee Quality Institute）所採用的自我訓練味覺水，由甜、鹹、酸材料和水調和，分三個等級的練習，調配比例以 1,000 ml 的水為基礎。

調配由最淡到最濃分別為：

味覺	材料	最淡	中等	最濃
甜	白砂糖	7.5 g	15 g	22.5 g
酸	檸檬酸	0.75 g	1.5 g	2.25 g
鹹	精製鹽	1 g	2 g	3 g

▶ 水分為 1,000 ml
▶ 以上調製請使用精準度 0.01 g 的精密電子秤秤量。

單味練習可以訓練我們的基本味覺感受能力，如果要進一步訓練，可以交互混合來品嚐，這樣的組合可以多達 54 種。

2 感受值靈敏度的自我測試

感覺受器要對刺激產生反應，就要到達一定的量或濃度才能夠偵測得到，這就是我們所說的**閾值**。閾值會因為個人的感受值靈敏度不同，而有差異。靈敏度越高，閾值就越低。我們可以做自我測試，測試方式為：

鮮　使用**麩胺酸鈉**來感受鮮味

苦　使用**咖啡因**來感受苦味

澀　使用**單寧酸**來感受澀感

味覺	材料	重量
鮮	麩胺酸鈉	1 g
苦	咖啡因	1 g
澀	單寧酸	1 g

▸▸ 水分為 1,000 ml
▸▸ 以上調製請使用精準度 0.01 g 的精密電子秤秤量。

觸覺

一般我們所認知的觸覺，是指由皮膚所接觸而察覺到的感受，感受有痛覺、溫覺、涼感、壓力等等。

辣感

屬於**化學成分**造成的疼痛感覺，讓皮膚有灼熱感及刺痛感。辣感可以利用酸性飲料來減緩。

涼感

屬溫度感受。

澀感

澀味在學理上稱為**收斂性**（astringency），是**口腔上皮細胞蛋白質**接觸到**澀味**引發物質時，所感受到的一種**皺縮**（shrinking）、**拉扯**（drawing）或**縮攏**（puckering）的複雜口腔感受。

澀味是整個口腔組織都會有的感受，不限於部分區域。由於每個人的唾液成分含量不同，所以對於澀味的感受程度也不同。

澀感是會累加的，消除的方式除了時間的等待，就只能多分泌唾液了。

四　咖啡生豆的瑕疵辨識

我們日常生活的芬芳香氣大部分是從植物中萃取出來的。咖啡豆也是農產品，跟其他的蔬果植物相似，在生豆時會因著當時的氣候變化、種植管理等因素，例如採摘熟成度、後製處理、儲藏條件的差異，而有些許不同的風味變化。好的香氣是人人喜愛，但是在迷人的咖啡香味中，不全然是令人喜愛的風味。

人們對氣味的感受是很敏感的，在濃度可以接受的適當範圍內，好的氣味會令人愉悦，不好的氣味哪怕只是一點點都會令我們對當下的這杯咖啡產生厭惡。

然而，氣味是非常主觀的，因人而異，會有生活環境、文化、個人喜好的差異，對同一個芬芳物質的接受度各不相同。

一杯好喝的咖啡，不會只是限定在濃郁芬芳、好嗅聞的香氣而已。譬如一杯花香明顯的咖啡，但是口腔觸感卻是很粗糙、很澀，這樣的咖啡好喝嗎？以下我們就粗略來談談咖啡中的常見瑕疵風味。

過季風味

過季風味就是人稱的老豆味。之所以會有過季風味，不見得是因為生豆放置很久，有時候當季新鮮生豆，也會因為**儲放環境**的問題而產生老豆味，例如**高溫**或是**過度乾燥**。這和咖啡生豆中的醣類物質、蛋白質、胺基酸的流失有關。

身為生豆採購的尋豆人員或烘焙師，能否辨識出過季豆的味道是很重要的，這不僅僅是咖啡價格的問題，也是咖啡的風味品質問題。烘焙較深的咖啡豆，會比較難辨識出。

儲存不當的氧化風味

咖啡熟豆的氧化，會使咖啡原本的香味變調，可能會變好些，但是大部分的狀況是變得不佳。這個咖啡豆中氧氣作用的物質就是「**咖啡脂肪**」，這種味道就是食品中常會嗅聞到的「**不新鮮**」的味道（**油耗味**）。

之所以會產生不新鮮的味道，通常存放出現了問題，或是存放的場所條件不對，例如高溫、潮濕或是封口不確實。

咖啡萃取的風味辨識

咖啡在萃取上非常需要咖啡師運用感官來辨識和修正萃取的風味，以避免萃取不足或萃取過度的狀況發生。

咖啡的萃取可以略約劃分成三等份：

1. **前段風味（萃取不足）**：味覺感受酸度較高，嗅覺風味豐富但餘韻短。
2. **中段萃取**：味覺上甜感高，嗅覺以焦糖化風味為主。
3. **後段風味（萃取過度）**：味覺感受以苦澀感居多，嗅覺風味以菸味、香料、塑膠味為多。

我們可以藉由上方的味覺進程，來導航實際飲用到的味覺感受，進而對應位於「酸→甜→苦→澀」的相對進展。在味覺辨別運用上，得知目前的萃取狀況是前段的萃取不足，亦或後段的萃取過度。然後再搭配風味輪上的右半部分，運用嗅覺感官，辨識出是落在風味階段的哪一區段。

我們也可以藉此辨識出萃取風味是否完整，如果有萃取不足或萃取過度的情況時，又該如何去調整，這些都是感官訓練的應用。

咖啡烘焙的風味辨識

咖啡的烘焙是決定咖啡風味的一個重要環節。這個環節就如同廚師做菜一樣,到底是要鹹一點、甜一點或還是酸一點,都是由廚師憑藉著對於味道的掌握來控制和添加。

在咖啡烘焙上,烘焙師也可依照咖啡豆在烘焙後的風味趨向,來決定使用淺焙、中焙、深焙等不同的烘焙度加以詮釋。

咖啡豆在不同烘焙度下的風味表現,可持續套用風味輪來體現。在**風味輪**中,右上方的**酵素群組**風味主要表現出**花果類**的香氣,這些通常是在**淺烘焙**的情況下所表現出風味,也是咖啡豆子基於氣候、土壤所孕育出的原生風味。

風味輪中間和右下方的焦糖群組風味及乾餾群組風味,則是藉由烘焙時的化學反應所產生的。好咖啡有著得天獨厚的氣候環境,能孕育出迷人桂花、玫瑰、茉莉花香、複雜多變的水果香氣,這也是精品咖啡愛好者所追求的。

以目前精品咖啡迷們最常飲用的淺焙咖啡為例,在品嚐的過程中,我們可以依據喝到的風味種類來辨識烘焙的程度。接著再進階一點,我們可以從品嚐到的風味類別來判斷烘焙發展的跨界程度。

舉例來說,當我們品嚐到一杯入口帶著花果香,接著是焦糖香和可可風味的咖啡,從這杯咖啡的風味表現,我們可以辨識出這隻豆子的風味種類與跨度,讓我們對這隻豆子有了基本的了解,進而可以藉由烘焙的技巧來調整咖啡的風味走向。

對於烘焙度深淺的調整,我們可以憑藉第一次爆裂後上升溫度的多寡,來決定烘焙程度;而風味的跨度與集中度的部分,則可以藉由一爆開始到出鍋之間的時間長短來決定,甚至對於酸、甜、苦味的調整,也可以依此來操作做修正。這些整體風味的調整與表現,是烘焙師對風味的美感體現。

有時候我們能在淺烘焙的豆子上感受濃濃的草本(草腥)、穀物味,有些烘焙師甚至將這樣的狀況歸類為烘焙瑕疵。

有經驗的烘焙師在掌握大量的實務經驗之後,能將捕捉到的草本、穀物香氣,配合著味覺感受等感官訊息,運用在烘焙上,修正烘焙瑕疵,甚至避免瑕疵的產生。

這是基於個人品鑑能力的強化,與經驗累積成的風味資料庫,和平時的烘焙實務經驗相輔相成。

烘焙除了能對香氣風味進行調整之外,對於咖啡品嚐時的味覺感受也能有所改變。烘焙師們應該聽過「某些產區的咖啡豆比較酸」這樣的話吧?

尖酸的咖啡一向都是大眾飲用者所排斥的,身為一個烘焙師,在面對這樣的問題時,可以藉由分析烘焙曲線,來找出尖酸的原因並修正。

烘焙度越淺的咖啡，通常越容易讓人感受到**酸感**，而隨著烘焙的推移，最先產生的味道是酸感，接下來酸度開始逐漸下降時，隨之而來的是**甜感**的增加。富有經驗的烘焙師在這時可以藉由酸、甜感搭配比例，來分析出這個咖啡樣品在一次爆裂後的發展時間，以及烘焙適當的出豆溫度，進而調整咖啡烘焙的酸甜感比例分配。

烘焙感官私房
運用小技巧

以烘焙後的杯測品飲為例，以下簡略將整個品鑑過程分為三個階段：

1 首先在**高溫**的階段，因為感官生理機制的影響，一般人通常對於咖啡高溫時的風味捕捉較不敏銳，所以此時可先以咖啡的「口感」（body）為主要品嚐方向，藉由分析咖啡在口感上的滑順度、圓潤度和乾澀感，來分析咖啡豆在吸熱階段所受到的影響，進而可以清楚地知道在烘焙設備操作上的修正方向。

2 接著等到咖啡溫度下降至**中溫**時，再品飲「**酸質**」（acidity）的部分，來分析烘焙的發展階段狀態。藉由這個階段所捕捉到的感官訊息，我們可以調整酸度、甜度和苦味的比例，進而表現出明亮或是柔順的酸質，以及甜感。

3 最後再品嚐「**風味**」（flavor），由原生的花香果香氣種類、風味細節和香氣強弱程度的比例，來分析生豆品質好壞，以及整體烘焙過程中的優缺點，進而修正烘焙技巧並記錄之。

七 杯測設置與操作

WE MAKE A PERFECT COFFEE
EVERY DAY & EVERY NIGHT

如何進行杯測

「杯測」是咖啡產業界用來評價咖啡好壞的一種系統方式,而常見的杯測系統有:

♦ 精品咖啡協會:SCA
（Specialty Coffee Association）

♦ 卓越杯:CoE（Cup of Excellence）

♦ 國際咖啡品質協會:CQI
（Coffee Quality Institute）

1 杯測環境

光線明亮、乾淨、沒有異味、無吵雜、舒適的溫度、桌子（建議杯測使用的高度）。

2 杯測所需準備的用具

1. 煮、盛裝熱水器具。

2. 磅秤（建議能秤量精準度到 0.01 g 重量的秤）。

3. 杯測杯（附蓋子）、吐杯、杯測湯匙。

4. 筆（鉛筆、橡皮擦）、夾板,杯測表格。

5. 圍裙、水桶（盛裝吐杯內咖啡液用）、
   濾網（清洗時用來過濾咖啡渣）。

準備樣品（sample preparation）

烘焙的樣品（roasting）

樣品的粉水比率

理想的粉水比率為，相對於水 150 ml 對咖啡 8.25 g。容許範圍為 ±0.25 g。

1. 樣品為杯測 24 小時之內所烘焙，至少需要放置 8 小時。
2. 烘焙程度由淺烘焙到淺中烘焙，以 M-Basic（Gourmet）Agtron 的標準值為主的話，豆的數值 58，粉的數值 63（±1 point）。Agtron 色卡尺度為 55–60。
3. 烘焙時間為 8 分鐘以上至 12 分鐘以內。
4. 烘焙樣品要馬上空氣冷卻（不可用水霧冷卻）。
5. 烘焙樣品請放入密封容器，或者使用不透光及不透氣的袋子密封包裝，直到開始杯測前，才可打開使用，並且應該保存在陰涼處所（但是不能放置冷藏或冷凍）。

杯測用的杯子：玻璃杯或瓷杯都可以使用

1. SCA 所推薦是 5 oz 的玻璃杯、6 oz 的曼哈頓杯（Manhattan Glass）或是威士忌杯（Rock Glass）。
2. 白瓷杯容量介於 175–225 ml 也可以使用，杯子需乾淨，沒有味道。杯蓋的材質不限，但是所有的杯子應該是容量、大小及口徑都要一樣。

準備杯測

1. 咖啡豆樣品要在開始之前，就要遵守既有的粉水比率計算好，並將咖啡豆以杯子大小的適切量準備好。
2. 咖啡豆樣品在杯測之前才研磨，並且於 15 分鐘內注入熱水。若是不能的話，也要將磨好的咖啡樣品蓋上蓋子，並於 30 分鐘中之內注入熱水，如果超過 30 分鐘尚未注入熱水並開始評鑑時，則該樣品必須要重新開始設置。

3. 研磨的顆粒粗細以美國標準尺寸 20 Mesh 網目可通過大約 **70–75 %** 為主。為了更詳細評鑑樣品的 uniformity（一致性），同一個樣品需要準備 5 杯。

4. 每組樣品研磨前必須<u>使用同樣的豆子</u>。先乾洗磨豆機，並將每杯樣品分別研磨杯測。這樣可以確保每份樣品的品質不會互相干擾，如須超過 15 分鐘後才注水，研磨好之後必須立刻將各個杯子的蓋子蓋上。

8 注水時之注意事項

1. 杯測所使用的水要乾淨且無味，<u>不得使用蒸餾或是過軟／過硬的水</u>。理想的固體總溶解度（TDS）是 125–175 ppm，但不可低於 75 ppm 或是超過 225 ppm。

2. 樣品注入的水要乾淨，溫度大約 200 ℉（93 ℃）。

3. 直接將熱水注入咖啡粉直到杯子的邊緣為止，並且確認全部的咖啡粉都是潤濕的。

4. 先不要攪拌咖啡粉，等待 3–5 分鐘後才開始破渣評價。

5. 破渣完成後，請依破渣順序撈渣。撈渣時間可在破渣完成後立即撈渣，也可以等待至第 6 分鐘後再開始撈渣，只要每次都是統一步驟即可。

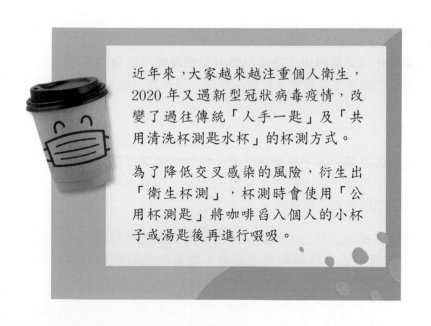

近年來，大家越來越注重個人衛生，2020 年又遇新型冠狀病毒疫情，改變了過往傳統「人手一匙」及「共用清洗杯測匙水杯」的杯測方式。

為了降低交叉感染的風險，衍生出「衛生杯測」，杯測時會使用「公用杯測匙」將咖啡舀入個人的小杯子或湯匙後再進行啜吸。

杯測項目

雖然咖啡評鑑有不同的系統，但評鑑的項目大同小異，以下是杯測項目的內容説明。

1 乾香氣和濕香氣（fragrance, aroma）

「**乾香氣**」（fragrance）指咖啡粉乾燥時的味道，「**溼香氣**」（aroma）指注入熱水後的咖啡香氣。杯測者可以分三區段來評價咖啡：

1. 杯子裡的咖啡粉尚未注入熱水時，聞其乾香氣。
2. 嗅聞破渣時所釋放的濕香氣。
3. 破渣後咖啡靜止時到入口前所釋放出來的濕香氣。

2 風味（flavor）

「**風味**」主要是在**啜吸**的時候，咖啡散布在整個口腔時，再由口中進入所有的味覺感受（味蕾），直到從鼻腔穿出來所有的香氣印象，然後根據其強度、品質、複雜度的綜合香氣與味道去評價。

3 餘韻（aftertaste）

「**餘韻**」為**咖啡汽化**或是**吞嚥後**，**殘留口腔中**及**咽喉部**所散發的正面風味或香氣。如果餘韻太短或是令人感到不愉悦，分數會比較低。

4 酸質（acidity）

「**酸質**」指的是**酸的品質**，而不是酸的強度。好的酸值可以使人感受到咖啡帶有甜度和明亮度，令人聯想到新鮮的水果，而且幾乎在第一口的啜吸就可以立即感受到這個風味。

過度強烈或是酸質占據大部分的味覺感受，也會令人感到不舒服，所以過度的酸質對於樣品的風味輪廓並不適合。酸質取決於產地的特徵，還有烘焙程度、烘焙目的等等各種因素。

5 醇厚度（body）

所謂「**醇厚度**」，是根據口中的液體觸感去評價，特別是在舌頭上與口中上顎之間的觸感為主。大部分的樣品因為萃取中的蔗糖與油脂，使得醇厚度在舌面上有重量感，這樣會得到較高的分數。有些醇厚度輕盈的樣品，在口腔中也會帶來愉悅的感覺。

6 平衡性（balance）

風味、餘韻、酸質、醇厚度等特性是如何相互的融合、互補或是互相照應，這就是「**平衡性**」。如果樣品缺少部分風味或是某項風味特性太過強烈，平衡性的評價會降低。

7 甜度（sweetness）

所謂的「**甜度**」指的是「**風味**」豐富感覺的同時，又有**明顯的甜度**。這種感覺起因於特定碳水化合物的存在。

8 乾淨度（clean cup）

所謂的「**乾淨度**」，指的是最初咖啡入口之後到最後吐出後的餘韻為止，沒有其他的負面風味。如果有一杯的味道有負面風味，品鑑分數就會被扣分。

9 一致性（uniformity）

所謂的「**一致性**」，指的是評鑑的樣品組中，每杯之間的風味的一貫性。如果有一杯的味道與其他不同，品鑑分數就會被扣分。

10 綜合考量（overall）

「**綜合考量**」是總體評價，是杯測者對樣品掌握度的全面綜合評價。假設樣品有著很多愉悅風味，但是每個風味特性卻不明顯，那就會有較低的評價。

如果樣品的特性被凸顯，而且符合期待的咖啡產區風味特性，評價就會上升。在這個項目中，可以顯示杯測者的個人喜好。

11 缺陷（defects）

所謂的「缺陷」，指的是負面或不好的風味損壞了咖啡的風味品質。缺陷可分為兩類：

1. **瑕疵（taint）**：指可察覺但非壓倒性的味道，通常在風味的階段可以被發現。

2. **缺陷（fault）**：指可察覺的負面風味，通常在乾香氣、濕香氣和味覺方面容易被發現，有著壓倒性明顯或是難以接受的風味。

12 最後分數（final score）

將各主要部分的個別分數加總後減掉缺陷分數，之後得到的就是「最後分數」。

杯測評分

	評核項目	每個項目最高分	總分	杯測標準
SCA	10 個	10 分	100 分	80 分
CoE	8 個	8 分	總分為 100 分 （再加上基本分 36 分）	86 分

「卓越杯」（CoE, Coffee Cup of Excellence）的主辦單位 ACE（Alliance for Coffee Excellence），舉行咖啡生豆評級的賽事，然後對參賽咖啡的特色進行評分後，再依品質優劣來做拍賣。

參賽的農民、莊園或合作社統一繳交帶殼的咖啡生豆到 CoE 保管，通常會有數百到數千隻生豆樣本，然後由 CoE 賽事協會統一去殼、烘焙後，先由國家級評審進行預選以及國內評審篩選週的杯測。

豆子分數要達 86 分高分，才會進入國際評審篩選週，由 ACE 協會邀請世界各國的咖啡評審和國際買家，來評鑑出前 30 名的咖啡，再來進入拍賣會。

CoE 杯測所選取出來的最優質前 10 名，在 ACE 的拍賣會上是最搶手的咖啡。沒有進入前 10 名的咖啡，雖然不具那麼高的商業價格，但也會顯現出優質的莊園管理，這是咖啡生豆品質的指標。

CoE 得分超過 90 分的得獎莊園或合作社，除了獲得評審認證外，還會在頒獎典禮獲頒總統獎，以特別表彰。

CoE 杯測表格的內容

1 乾香氣（aroma）

CoE 的架構內，以品嚐到為主，所以嗅聞乾香氣會列入參考，
但不予計算分數。

- 🟤 **乾香（dry）**：指研磨後尚未注入水時的香氣。
- 🟤 **渣殼（crust）**：指的是注水後，尚未破渣前的香氣。
- 🟤 **破渣（break）**：指的是破渣後的香氣。

表格上的分數為正負 1–3，正數代表「弱、中、強」的愉悅香
氣強度，負數代表「弱、中、強」的不愉悅的風味強度。

2 瑕疵風味（defects）

代表咖啡中的瑕疵風味強度，扣分公式為：

$$杯數 \times 瑕疵風味強度 \times 4 = 瑕疵風味分數$$

瑕疵強度由弱到強，分數為 1–3。

1. 輕微的（Slight）
2. 中等的（Moderate）
3. 強烈的（Intense）

接下來進入給分的級距：

不可接受 unacceptable	差勁的 poor	普通的 ordinary	好的 fine	優越的 great
0	2	4	6	8

CoE 杯測表中，在普通咖啡的評價上是**大約落分法**，也就是說對於 6 分以下的咖啡，其評價級距都是以一分為落點。

舉例來說，品質不足 6 分的好咖啡但又不到普通的平庸品質，可以給 5 分，在這其中沒有 5.5 分的級數，也藉此來拉開咖啡中的精品豆與競賽豆間的差異。

對於 6 分以上好的咖啡，才會有更細緻的 0.5 分的給分級距，例如：6、6.5、7、7.5、8、8.5、9、9.5 分。

3 橫向評分欄：咖啡品質

1. **乾淨度**（clean cup）：指咖啡風味呈現的清晰度。

2. **甜度**（sweetness）： CoE 的甜度評價和 CQI 不一樣，其甜度也是有著強度差異的。

3. **酸質**（acidity）：酸的品質，跟 CQI 一樣，受到甜度的影響。

4. **口腔觸感**（mouthfeel）：咖啡吞嚥或吐出後，口腔中的觸覺，愉悅或是負面感受。

5. **風味**（flavor）:指咖啡中，整體好的風味或整體不好的風味。

6. **餘韻**（aftertaste）：咖啡吞嚥或吐出後，口腔中的嗅覺，愉悅或是負面感受。

7. **平衡度**（balance）：咖啡的整體和諧度，各品項中是否有過多或不及的地方，都會影響平衡度的分數。

8. **整體評價**（overall）：咖啡是否有令人
   驚豔的複雜度，評鑑師個人是否喜愛。

9. **總分**（total score）：以上 8 項成績合
   計後，再加上扣除的瑕疵風味分數，然
   後加上 36 分的基本分，即為杯測表的
   總分。

子分數 **+** 瑕疵分數 **=** 真實分數

真實分數 **+** 36 分 **=** 總分

4 垂直評分欄：強度標記

在酸質與口腔觸感上，除了橫向評分項目
外，還有強度註記項目，分別為：

H	高
	中高
M	中
	中低
L	低

CQI 和 CoE 的表格有幾項的差異，乾香氣（aroma）、乾淨度（clean cup）、一致性（uniformity）與甜度（sweetness），然後在總分上的計算也有差異。

	CQI	CoE
乾香氣	正、負面風味的評價	參考但不列入計分
乾淨度	沒負面風味就是有乾淨度	愉悅風味的清晰可辨識度
一致性	5 杯咖啡的風味是否一致	沒有這個評分項目
甜度	沒嚴重瑕疵下都有甜感	甜感強度的差別
瑕疵風味	跟乾淨度相關聯	獨立計分（強度 X 杯數 X4）

▶▶ 參考資料

www.sca.coffee
The Coffee Cupper's Handbook
The Basics of Cupping Coffee
https://allianceforcoffeeexcellence.org/rules-protocols/
http://www.sweetmarias.com/CuppingForms/COE_Cupping_Form.pdf

咖啡萃取

第四章

WE MAKE A PERFECT COFFEE

EVERY DAY & EVERY NIGHT

九大沖煮要素

以下是九大沖煮要素,每個要素都有其影響力。遵循九大沖煮要素,產生最佳均衡的咖啡。咖啡風味在可接受濃度最大的發展,你將能夠控制在萃取過程中的變量,並實現最佳均衡。

1. 粉水比
2. 研磨粗細
3. 水質
4. 時間
5. 水溫
6. 攪流
7. 烘焙程度
8. 沖煮器材
9. 過濾媒介

▲ 濾杯

咖啡萃取的三個過程

二

WE MAKE A PERFECT COFFEE

EVERY DAY & EVERY NIGHT

1 浸濕、悶蒸（wetting）

這是沖煮過程中必經的物理程序。通過悶蒸，將咖啡粉充分浸濕，有助於將粉內的**二氧化碳**有效排出，並產生類似開花現象，浸濕能為後續的萃取動作做準備。

悶蒸的時間需多久呢？大多數的人都會設定 **30 秒**，但這是一個參考數值，還必須根據**烘焙度**和**新鮮度**來做調整。

烘焙度較深／豆子越新鮮，排氣較旺盛，悶蒸時間就越長。這個可以透過觀察，當不再冒氣泡時，就可以進行注水。如果是不新鮮的豆子，在充分浸濕後，粉層很快就消下去，大約 5–10 秒之後就可以注水了，而不是一定需要等到 30 秒。

▲ 沖煮

② 萃取（extraction）

這是指咖啡粉當中的可溶解於水的物質，被水帶離開，咖啡粉轉移到水中，這可以是物理性或化學性的綜合反應。

③ 水解（hydrolysis）

化合物的水溶性，使之溶解於水中成為咖啡飲品，這個溶水的過程稱為「**水解**」。這是化學反應的名稱，有分子和離子兩種類型的溶解。這些溶解出來的味道，就是大家在咖啡杯中喝到的風味。

▲ 美式咖啡機

三 咖啡萃取階段分析

風味物質

隨著咖啡與水接觸的時間，風味物質從咖啡粉中釋放至水中，而當中並非所有的風味都是宜人的。各種風味物質的量與比例，隨著萃取的過程會有所改變。風味物質的組成為：

1. 酸　**2.** 甜　**3.** 苦　**4.** 澀

萃取時間的影響

咖啡萃取的時間，會造成風味的變化：

酸 → 甜 → 苦
　　　　　　澀

釋出最快　　　釋出最慢

- 最好的風味：溶解釋出最快
- 次級的風味：溶解釋出較慢
- 不愉悦的風味：溶解釋出最慢

因此在萃取咖啡時，要在不好的味道釋出比好的味道多之前，就停止萃取，也就是要在苦、澀風味被萃取出以前，就停止沖煮作業。

萃取的狀況

常見的咖啡萃取所出現的狀況有三：

1 萃取不足

萃取不足是指沖煮時，水帶出的咖啡粉物質不夠多，沒有足夠的時間將糖分萃取出來，只萃取了酸和油脂，產生了不均衡的風味。咖啡萃取不足時會產生：**尖銳的酸、低甜感、餘韻短**。

2 良好萃取

良好的萃取是一杯美味咖啡的源頭，帶有成熟果實般的香氣、豐富的酸質、甜感持久、餘韻長，讓人想去細細品嚐的優質咖啡。

3 過度萃取

過度萃取的咖啡，是因為在沖煮時把太多可溶性物質帶出來，風味不均衡，伴隨著苦味，而且不愉悅的苦通常在舌頭久久無法散去，**產生雜味、澀感、空洞的餘韻**。

咖啡風味常用語

acidity 酸度
aftertaste 餘韻
aromatic 芳香的
aroma 氣味
astringent 澀味
balanced 均衡的
bitter 苦味
body 濃稠度，醇厚度
clean 乾淨的
complexity 複雜度
dimension 層次感
earthy 土質味
flavor 風味
floral 花香味
fruity 水果味
gamey 野味
grassy 草味
green 生的
mellow 芳醇
rounded 勻稱的
salty 鹹味
soft 柔潤
sour 酸味
spicy 香辛
strong 濃烈
sweet 甜味
tangy 辛烈

分段萃取

▲ 咖啡分段萃取（萃取濃度由左而右下降）

沖煮器具

1. 美式咖啡機
2. 磨豆機（EK43）
3. 刻度 10
4. 咖啡豆（水洗耶加）
5. 烘焙度（70/81）

沖煮溫度

1. 93℃
2. 水質 90 ppm
3. 環境溫度 25℃
4. 環境濕度 55 %

粉水比

1. 1:20
2. 70 g 粉 / 1400 g 水

萃取後

1. 咖啡液重：1232 g
2. 濃度：1.33
3. 萃取率：23.41 %

結果

- 依實際操作發現（結果請見下頁的表格），從第 8 杯開始，苦味逐漸明顯，第 1–7 杯口感較佳。

- 把第 1–7 杯濃度相加，除以 7，計算如下：

  （第 1–7 杯濃度相加）4.55 + 2.77 + 1.76 + 1.33 + 1.25 + 1.15 + 0.84 = 13.65

  （把相加的濃度除以 7）13.65 / 7 = 1.93

- 但是 1.93 的濃度太高，如果第 1–7 杯的濃度要是 1.3，那就可以用 by-pass 的方式。操作方式如下，第 1–7 杯咖啡液重為：

（總需求水量） 70 g X 1.93 / 1.3 = 103.9

（需加入的水量） 103.9 – 70 = 33.9

這樣就會得出我們所要的濃度 1.3。

- 使用 by-pass，可以應用在大量沖煮或縮短沖煮時，減少萃取量，以降低苦味。by-pass 公式為：

咖啡液重 X 濃度 / 想要的濃度 = 總需求水量

總需求水量 — 咖啡液重 = 需加入的水量

杯數	1	2	3	4	5	6
濃度	4.55	2.77	1.76	1.33	1.25	1.15
口感描述	酸 ☆ 甜 ☆ 苦 — Body ☆	酸 ☆ 甜 ☆ 苦 — Body ☆	酸 ☆ 甜 ☆ 苦 — Body ☆	酸 ☆ 甜 ☆ 苦 — Body ☆	酸 ◇ 甜 ◇ 苦 ▽ Body ◇	酸 △ 甜 ◇ 苦 △ Body ◇

杯數	7	8	9	10	11	12
濃度	0.84	0.72	0.55	0.42	0.35	0.28
口感描述	酸 △ 甜 △ 苦 △ Body △	酸 ▽ 甜 △ 苦 ◇ Body △	酸 ▽ 甜 ▽ 苦 ☆ Body ▽	酸 — 甜 ▽ 苦 ☆ Body ▽	酸 — 甜 ▽ 苦 ☆ Body —	酸 — 甜 ▽ 苦 ☆ Body —

☆	☆	◇	△	▽	—
最強	強	中等	中偏弱	弱	無

＊ body 指濃稠度、醇厚度

四 萃取率與濃度的關係

WE MAKE A PERFECT COFFEE

EVERY DAY & EVERY NIGHT

萃取率（extraction rate）

萃取率是咖啡豆被萃取出的比例，是可溶解物質占原本研磨咖啡粉重量的比例。萃取率代表的是烘焙好的咖啡中，「風味」最多約有 30％可以溶於水中，然而這當中並非全部都是美好風味的物質。

1 最佳風味的萃取率

萃取率的最大值，和**咖啡豆的來源、新鮮度、烘焙狀況**等有關。能從咖啡豆中萃取出的最大值，大約是烘焙豆重量的 **30％**。最佳風味大約出現在**萃取 18-22％**時。

咖啡的風味物質會有不同的溶解比例，風味分子被熱水溶解的速度，常因分子量大小與極性高低而有所不同。極性越高，就表示水溶性越高。

▲ 手沖

- 質量越低且極性越大的風味物質：溶解速度越快
- 質量越大且極性越低的風味物質：溶解速度越慢

② 萃取不足

萃取率若**低於 18％**，即萃取不足。淺中焙會凸顯「酵素作用」的花草水果酸香物，以及梅納反應初期的穀物。堅果和土司味的分子量較低且極性大，會優先被熱水萃出。因此如果萃取不足時，只會溶解出質量較低且極性較高的風味物，進而凸顯不活潑的死酸味、穀物味和青澀感，這是因為中分子量的風味物質來不及溶出，而產生不均衡的風味。

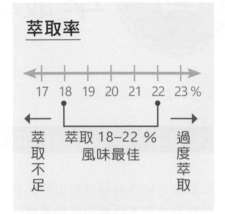

萃取率

```
17  18  19  20  21  22  23 %
```

← 萃取不足　　萃取 18–22 %　　過度萃取
　　　　　　　風味最佳

③ 萃取過度

萃取過度時，會產生較大的鹹味和苦澀。淺焙含量較多的低分子量有機酸，以及中焙含量較多的中分子量焦糖和巧克力風味物質，極性都比較高，也就是說水溶性也比較高。但是深焙的高分子量苦鹹物的極性較低，溶水速度較慢，因此萃取過度會溶解出更多的鹹苦澀味。

④ 烘焙度與萃取相互牽動

烘焙度與萃取率的關係如下：

◦ **越淺焙的咖啡**：因為纖維質越堅硬，越不易溶出風味，這時需要較高水溫、較長時間的沖泡，或是較細的研磨度，以免萃取不足。

▲ 咖啡不同的烘焙度

- **越深焙的咖啡**：因為纖維受創越重、越鬆軟，越容易溶出成分，所以適合以較低水溫、較短時間來沖泡，或是較粗的研磨度，以免萃取過度。

濃度（strength）

咖啡濃度是我們對於咖啡強度的接受度，濃度代表的是**口感**。咖啡是一種強烈的風味物，微量的濃度改變，就會造成明顯的風味感受差異。

將咖啡飲品的水分烤乾後，就可以測量出剩餘的固體量，而濃度就是測量剩餘的固體重量，與原先咖啡液的重量比較。

合宜的的咖啡濃度
介於 1.15–1.55 % 之間

正確的濃度應該要在 **1.15** 以上（這個數據從一般的濾泡式咖啡，一直延伸至 espresso），而大多數的咖啡濃度是介於 **1.15–1.55 %** 之間（每個國家略有不同），剩下的就是水了。

- 濃度是指溶入杯中風味物質的重量，與咖啡液毫升量的比值，以百分比呈現。

濃度由沖煮的粉水比例和時間所決定：

- **使用的水量越多**：咖啡液的風味強度就越弱，也就是濃度越低。
- **使用的水量越少**：咖啡液的風味強度越高，等於濃度越高。

一杯完美的咖啡，是指在可接受的濃度範圍內，呈現出最好的風味，這也就是最佳均衡，而最佳均衡就是**濃度**與**萃取率**。

五 咖啡豆的研磨度

WE MAKE A PERFECT COFFEE
EVERY DAY & EVERY NIGHT

研磨粗細的影響

咖啡豆的研磨粗細，會造成以下的影響：

1. 影響萃取風味物質的多寡
2. 影響萃取風味物質的速度
3. 影響水流通過的速度（咖啡與水接觸的時間，通常是由研磨粗細和擾流所控制）
4. 根據不同的沖煮器材，有相對應的研磨粗細

▲ 研磨

▲ 使用美式咖啡機沖煮後，觀察不同研磨度、粒大小，並用手觸摸其觸感

各種咖啡萃取器具

↗ 手沖

↗ CHEMEX手沖濾壺

↗ 愛樂壓

↗ 虹吸式咖啡壺

↗ 法式濾壓壺

↗ 摩卡壺

↗ 美式咖啡機

↗ 義式咖啡機

咖啡研磨粒徑分析儀器

	價格	程序	評估時間	結果重覆	準確性
觸感	一	簡單	短	難	低
篩網	便宜	繁瑣	長	難	可
振動篩網	中等	普通	普通	普通	佳
CM200 分析儀	貴	普通	短	普通	佳
雷射	極貴	簡單	短	容易	極佳

▲ 咖啡研磨粒徑分析儀器之效能分析

▲ 觸感

▲ 篩網

▲ 振動篩網

咖啡研磨粗細（粒徑分析）

各種不同的咖啡萃取工具，適合什麼樣的咖啡豆研磨粗細呢？
以下可供參考：

1 粗研磨：1400 μm（12目）
　適合 大型美式咖啡機（大量沖煮）

2 中偏粗研磨：1000 μm（16目）
　適合 法式濾壓壺、虹吸壺、美式咖啡機

3 中研磨：830 μm（20目）
　適合 聰明濾杯、手沖、杯測碗

4 偏細研磨：550 μm（30目）中
　適合 手沖（較細）、愛樂壓

5 細研磨：380 μm（40目）
　適合 義式咖啡機、摩卡壺

6 超細研磨：270 μm（50目）
　適合 土耳其壺

研磨與時間

因研磨而產生不同的顆粒粗細，需要對應到不同的萃取時間，才能夠正確萃取。各種不同的沖煮器材，也有相對應的沖煮時間。

- **粗研磨**：適合慢速沖煮
- **細研磨**：適合快速沖煮

除了水量要一致，沖煮設備通常要控制三個變數，以掌握風味。這三個變數是風味變換關鍵，簡稱**沖煮的 3T**：

1 在過濾器中粉水接觸的時間（time）

沖煮時間主要與沖煮器材和研磨粗細度搭配。沖煮時間是沖煮咖啡好喝與否的一個重要因素。例如：法式濾壓壺採浸泡式沖煮，沖煮時間較長，所以必須選擇較粗的研磨度。摩卡壺沖煮時間短，所以選擇較細的研磨度。

2 水的溫度（temperature）

水溫會直接影響到沖煮咖啡中不同成分的萃取率：水溫太高，容易過度萃取；水溫太低，容易萃取不足。當萃取不足時，風味淡薄；萃取過度容易出現苦味與澀味。

3 擾流（turbulence）

在沖煮過程中，熱水在咖啡粉顆
粒間流動所產生的擾動程度。擾
流（攪拌）是一個混合咖啡粉與水
的動作，使水能夠有效通過並覆
蓋咖啡粉。而適當的攪拌能讓咖
啡粉在水中分散，可以增加萃取
率並加快萃取時間，讓水能平均
的萃取咖啡。擾流的類型：

1. **器材的沖煮水流**：和沖煮器
   材形狀、粉層的厚度粗細、
   出水量等有關。
2. **人為的攪動**：和攪拌器具、
   注水速度方式、氣泡等有關。

六 測量咖啡濃度的工具

咖啡濃度的測量工具

1 烤箱脫水法

可以直接將咖啡樣品的水，用烤箱烤乾。

- **優點**：直接、準確
- **缺點**：耗時，攜帶不方便

▲ 烤箱

2 比重計（hydrometer）

咖啡濃度越高，比重就越高，藉由比重來推算咖啡濃度。

- **優點**：攜帶方便
- **缺點**：玻璃易碎，檢測過程緩慢，需要平均 3 的讀數

▲ 比重計

３ TDS 檢測儀

可利用液體導電度，推測出可溶解物
質比例。

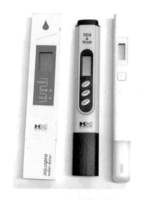

- ● **優點**：攜帶方便
- ● **缺點**：不同的水質，無法校正歸零

▲ TDS 檢測儀

４ 曲光光度計

（VST Refractometer）

曲光光度計是以光學的方式，測量
出可溶解物質的濃度，方便又快速
準確度高。

- ● **優點**：快速準確
- ● **缺點**：單價高

VST 使用方法如下：

1. **清潔並校正光度計**：取一些冷卻
   水，使其歸零，水滴入後，小心
   不要有空氣泡泡，按 Menu 搜尋
   Set Zero，按 Go 進行歸零，螢幕
   顯示為 **Ready** 即為歸零。（蓋子
   要記得蓋上）

2. 將咖啡液攪拌均勻。

3. 取出 2–7 ml 的樣本，然後過濾。

▲ 曲光光度計

133

4. 將樣本靜置於旁，待冷卻至
   15–30 度。

5. 取出幾滴冷卻後的咖啡液樣本，
   放上光度計測量。滴入咖啡
   液，按 Menu，找到「**coffee %
   TDS**」，然後按 Go，就會顯示
   數據。連續測三次，看數據是
   否一致。

6. 咖啡液如果混濁，或是有咖啡
   渣，就要使用 VST 專用的過濾
   器，過濾之後才可以測量。

7. 將資料記錄下來，就可以算出萃
   取率。

8. 為了確保我們的評估是準確的、
   可重複的，要建立和遵循測量
   與計算的步驟，用於執行使用
   TDS 濃度的分析。要記住，精
   準度是必要的，以便獲得可靠、
   可重複的結果。

▲ 連續測三次

▲ 使用 VST 專用的過濾器

七　萃取率與濃度的關係

檢視咖啡沖煮控制表

控制咖啡沖煮濃度與萃取率的兩大參數，就是水粉比與研磨粗細。
選擇適當水粉比，當沖煮架構固定的狀況下：

- **水量減少**：會造成咖啡喝起來又酸又濃（萃取不足）
- **水量增加**：則口感變苦又變淡（萃取過度）

沖煮時水量多寡，會直接就造成咖啡變濃或變淡，萃取率不足或過度。而粗研磨使得咖啡喝起來酸又淡薄（萃取不足），細研磨則咖啡喝起來又濃又苦（萃取過度）。太淡或太濃的咖啡濃度，均是不好的口感。

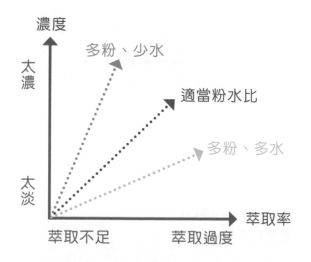

▶ 縱軸代表咖啡的**濃度**，橫軸代表**萃取率**

當我們沖煮出一杯咖啡時，喝一口感受一下咖啡在此沖煮控制表上的走向為何？進而去微調參數並記錄下來，多練習幾次就會得到一杯濃淡適中、萃取平衡的好咖啡。

參數調整

接下來，我們來了解以下四種沖煮器材的參數調整：

- 手沖
- 聰明濾杯
- 虹吸
- 愛樂壓

▲ 聰明濾杯

濾泡式萃取率

$$濾泡式萃取率 = \frac{咖啡液重 \times TDS（總溶解固體）}{咖啡粉重}$$

 例
- 使用 20 g 粉
- 以 1:16.7 粉水比
- 注水 334 g
- 沖煮之後，咖啡液重為 294 g
- 測量 TDS，濃度為 1.3

→ $\dfrac{294 \times 1.3}{20} = 19.11$（萃取率）

手沖

這是滴漏式，溫度會遞減。以咖啡粉製作出粉層，再讓水通過的型式。預先潤濕乾燥的咖啡粉，可以為咖啡粉做準備，以進行後續更均勻的萃取。平整的咖啡床，亦有助於提供均勻的潤濕和均勻萃取。

對於滴漏式沖煮，一般建議將咖啡的粉床鋪平，讓粉床厚度一致，使每一粒咖啡粉有相同的萃取狀況。一般建議最佳粉床厚度，在 **2.5–5 cm** 之間。

不過，沖煮會因為研磨度、水溫、擾動、濾杯、濾紙種類的不同，而呈現出不同的風味。

浸泡式萃取率

$$\text{浸泡式萃取率} = \frac{\text{注水量} \times \text{TDS（總溶解固體）}}{\text{咖啡粉重}}$$

例
- 使用 20 g 粉
- 以 1:15 粉水比
- 注水 300 g
- 測量 TDS，濃度為 1.35

$$\frac{300 \times 1.35}{20} = 20.25 \text{（萃取率）}$$

1 聰明濾杯

屬於浸泡式，溫度會遞減。讓咖啡粉和熱水充分混合，靜置幾分鐘後，再讓咖啡液與粉分離的型式萃取。

然而研磨度和水溫的不同，會影響到兩者接觸的程度。靜置過程中，會因為咖啡粉的攪拌次數、靜置時間、咖啡粉分離的速度，而呈現出不同風味。

2 虹吸

屬於壓力浸泡式，溫度遞增。受到水蒸氣壓力的影響，熱水會從玻璃下壺中的導管，進入到上面盛放咖啡粉中，進行萃取。

然而研磨度、火候掌握、濾器的不同（濾布、濾紙、玻璃濾棒）、攪拌次數，都會使咖啡呈現出不同風味。

3 愛樂壓

屬於滴漏、浸泡和壓力沖煮的結合，溫度遞減。結合了手沖滴漏式和法式濾壓壺浸泡萃取方式，以及義式的加壓萃取特點，透過改變水溫、研磨度、濾器的不同（濾紙、金屬濾網）、攪拌次數、按壓速度，皆會使咖啡呈現出不同風味。由於採用壓力注射，沖煮速度也較快。

八 過濾媒介與咖啡液的保存

WE MAKE A PERFECT COFFEE / EVERY DAY & EVERY NIGHT

過濾媒介的保存

1 濾紙

避免潮溼與熱氣，放在夾鏈袋或密封盒子內保存，阻隔空氣及環境中溼氣的影響。

2 金屬濾網

使用完後，用小蘇打浸泡粉浸泡後刷洗乾淨，避免油脂殘留。

3 濾布

使用完後，用容器裝熱水，加入小蘇打粉，把濾布泡在裡面，待油脂溶解後，用清水洗乾淨，放在密封袋或密封盒裡，保存於冰箱，每天都要更換乾淨的水。

咖啡液的保存和飲用溫度

沖煮後咖啡液的新鮮度,是以「分鐘」來計算,並且要在 **80–85 ℃**的溫度下保存,並以獨立的容器盛裝。

咖啡最佳的飲用溫度,為 **70–80 ℃**之間,風味最佳均衡約在 **70 ℃**左右。

沖煮條件

1. 沖煮器具：聰明濾杯
2. 磨豆機：EK43，刻度 8
3. 咖啡豆：水洗耶加，烘焙度 70/81
4. 沖煮溫度：93℃，水質 90 ppm
5. 環境溫度 25℃，環境濕度 55 %

① 沖煮練習 – 粉水比

15 g／4 分鐘	濃度	萃取率	口感描述
1:23	1.05	24.15 %	無酸、水感、苦味
1:18	1.2	21.6 %	果酸、平衡、紅糖
1:13	1.53	19.89 %	醋酸、濃郁、焦糖

2 沖煮練習 – 粗細度

15 g / 240 g 4 分鐘	濃度	萃取率	口感描述
細 #4	1.5	24 %	厚實濃郁、苦味明顯
中 #8	1.25	20 %	酸甜平衡、圓潤
粗 #12	1.06	16.96 %	稀薄水感、空洞

3 沖煮練習 – 水質

15 g / 240 g 4 分鐘	濃度	萃取率	口感描述
純水 TDS 2	1.35	21.6 %	刺激酸感、呆板
礦泉水 TDS 90	1.26	20.16 %	酸甜平衡、體脂感豐富
礦泉水 TDS 285	1.28	20.48 %	酸質弱、粗糙、苦雜味

4 沖煮練習 – 總沖煮時間

15 g / 240 g	濃度	萃取率	口感描述
2 分鐘	1.21	19.36 %	酸澀、穀物甜、稀薄
4 分鐘	1.27	20.32 %	柑橘酸、圓潤平衡
6 分鐘	1.38	22.08 %	核果酸、苦味、厚實

5 沖煮練習－水溫

15 g / 240 g 4 分鐘	濃度	萃取率	口感描述
70℃	1.0	16 %	尖銳酸、穀物甜、水感
85℃	1.22	19.52 %	酸甜平衡、圓潤豐富
98℃	1.38	22.08 %	苦味明顯、澀感、厚實

6 沖煮練習－擾流

15 g / 240 4 分鐘	濃度	萃取率	口感描述
無攪拌	1.08	17.28 %	風味淡薄、單調、水感
攪拌 2 次	1.27	20.32 %	酸甜平衡、豐富有層次
攪拌 4 次	1.35	21.6 %	苦澀明顯、雜味

7 沖煮練習－烘焙程度（美式咖啡機）

30 g / 480 g EK43#9	濃度	萃取率	口感描述
淺	1.43	19.33 %	清爽果酸、明亮柔順
中	1.45	19.74 %	酸甜平衡、體脂感豐富
深	1.36	18.22 %	焦苦味、濃郁厚實

8 沖煮練習 – 新鮮度

15 g / 240 g 4 分鐘	濃度	萃取率	口感描述
新鮮研磨	1.26	20.16 %	酸甜平衡、圓潤有層次
30 分鐘前研磨	1.24	19.84 %	無香氣、單調口感

▸▸ 咖啡研磨後超過 15 分鐘，香氣物質會流失 60 %，但濃度差異不大。

9 沖煮練習 – 過濾方式（手沖）

15 g / 240 g EK43#7/2 分鐘	濃度	萃取率	口感描述
濾紙	1.34	18.63 %	酸質明亮、乾淨滑順
濾布	1.45	19.58 %	核果酸、濃郁厚實
金屬濾網	1.35	18.76 %	油脂豐富、厚實粗糙

結論

◆ 沖煮者要能對應不同的沖煮設備，採用不同的操作技巧。

◆ 沖煮者都要能夠計算萃取率，並評估結果。

◆ 沖煮者要能夠決定該如何調整，以達到最佳萃取。

◆ 調整參數時，應該遵循九大沖煮要素。

咖啡烘焙

第五章

咖啡烘焙實務

咖啡烘焙就是給予咖啡生豆熱能,這是使咖啡生豆轉變成為咖啡熟豆的過程。我們會藉由某些能夠傳熱的設備,將熱能傳遞給咖啡生豆,咖啡生豆在得到能量後,會進行一連串的物理與化學變化,成為咖啡熟豆。

在這個章節,我們會以烘焙前、中、後這樣的時間軸,來當作描述的準則,讀者可以依循本章節的前後順序,來進行烘焙的工作。

烘焙前的準備

1 生豆的履歷資料

A 咖啡豆種與品種

咖啡屬的常見種有三類:

- 阿拉比卡(Arabica)
- 坎尼佛拉(Canephora)
- 賴比瑞卡(Liberica)

▲ 咖啡烘豆機

除此之外,還有其他各種品種。咖啡豆的品種,和咖啡的風味有著很大個關係。而產地的風土特性,關鍵性的決定了適合的咖啡品種,並且也會影響風味。

B 咖啡產地

不同的生物有各自適合的生存環境條件，例如海拔高度、土壤性質、降雨量、植間植物，甚至區域的生存動物等，都會影響到咖啡的生長與品質。

產地的差異

- 海拔高度
- 土壤性質
- 降雨量
- 植物
- 動物

C 生產年分

採收年分越近的咖啡豆，由於新鮮度較佳，較有機會擁有較佳的風味。不過有時候在產地遇上條件較差的採收年分，可能會風味不佳。

在良好的條件下，生豆儲存的保存時間會比較長；反之，如果保存條件差，很有可能讓新鮮度快速下降，使得風味快速老化。

D 處理方法

產地的採收與篩選方式，會影響採收熟果的品質。然後是去果肉過程的處理法，近年來由於處理法上有很大的躍進，已經較難用過去簡易的日曬水洗等基本方式來區分。

2 烘焙前對咖啡豆的檢測

這些檢測大多需要專用的機器設備，大多是對咖啡生豆採用非破壞性的物理性質檢測。

A 水分

咖啡豆含有水分，咖啡果實從咖啡樹上採摘下來後，會經過不同的處理法程序。在處理法完成後，理想的情況下，咖啡生豆的含水率大約在 11 %。不過實際上我們取得的咖啡生豆，含水率數值可能會因為一些外在因素，而有所變化，一般能夠接受的範圍會落在 8–13 % 之間。

咖啡豆的含水率可以用儀器測量出來，常用的方法有兩種：

1. 脫水失重換算
2. 用導電率換算

導電率換算的方式，因為快速，也有足夠的準確度，是目前咖啡業界的常用含水率測量方式。

含水率控制在 11 % 的條件，是為了讓咖啡生豆擁有最佳的保存狀況，能夠讓咖啡豆在保持足夠風味新鮮的原則下，將黴菌滋生的可能性降至最低。不過含水率過低時，咖啡生豆的風味容易轉趨老化，因此我們在儲存咖啡生豆時，要控制好咖啡豆的含水率。

▲ 測量咖啡生豆的含水率

咖啡豆在烘焙的過程中，重量會減少，其中主要損失的物質就是水分，因此含水率多寡的影響，最主要是生熟豆之間的失重。另外水分會影響到咖啡豆在烘焙初期時的熱能運用狀況，在達成相同烘焙程度的條件下，含水率較高的豆子需要較多的熱能。

B 水活性

在食品科學中，水活性是食品保存的一個重要參數。食品中的水活性較高，代表食品有較高的黴菌滋生風險。咖啡生豆含水率如果超過了13％，水活性就會偏高，使得生豆可能會孳生黴菌。在農業產品上，農糧穀物類的保存，也常以水活性數值來當作重要的參考依據。

> **水活性 Water Activity**
>
> 又稱水分活度、水活度，指在密閉空間中，某食品的飽和蒸氣壓，與相同溫度下純水的飽和蒸氣壓的比值。

C 密度

回到基本的物理上定義，咖啡豆的密度等於質量除以體積：

$$密度 = \frac{質量}{體積}$$

由於品種和種植海拔高低的不同，咖啡生豆會有在密度上的變化。種植在海拔越高的豆子，由於果實膨大成熟期的速度較緩慢，果實硬度通常較高，密度也越高。

密度越高的豆子，通常代表硬度越高，在烘焙時，會更加抵抗因烘焙產生的體積膨脹。另外，含水率如果隨著存放環境溼度的變化而產生變化，那也會影響到密度數值的變化。

▲ 密度檢測

D 大小

咖啡豆會有大小尺寸上的差異，而尺寸的大小與風味品質上，並沒有絕對的相關性存在。比較重要的是：大小較為一致的豆子，在烘焙的過程中，每顆咖啡豆能夠有比較均勻的受熱狀況。

豆子的大小，通常會在生豆處理廠做一定程度的分級。許多產地的咖啡分級，是以大小當作分級依據，例如肯亞、哥倫比亞、巴西等，這些國家主要的分級方式是依大小作區分。不過因為豆子的大小和風味沒有正相關性，只是較大的豆子通常有著較佳的視覺效果，所以大顆的豆子被歸於較高等級。

在咖啡生豆的產業鏈中，對於大小有一套泛用的標準，採用「**篩網級數**」（screen number）來當作大小的比較依據。級數的數字是篩網網徑的分子，分母則是 64 英吋，比如：

- 🌢 **screen 18 (#18)**：指可以通過 18/64 英吋（約 0.71 公分）網徑篩網的咖啡生豆
- 🌢 **screen 17 (#17)**：指可以通過 17/64 英吋（約 0.67 公分）網徑篩網的咖啡生豆

篩網級數的國際慣行大小為 #9–22。有些品種的咖啡豆尺寸特別大，往往超過 #20 的，例如象豆（Maragogype）、帕卡瑪拉（Pacamara）、賴比瑞卡（Liberica）。

還有一些被特別處理、挑選出來特別小的豆子，尺寸通常在 #14 以下。有一種稱為 Peaberry 的圓型體豆子往往屬於這種類型。在烘焙時，這些特別大或特別小的豆子，往往需要有些不同的調整策略。

▲ 生豆篩網

E 外型

以常見的 Arabica 生豆而言，通常是橢圓的半球體外型，但是偶爾會是圓型體豆子；有些品種咖啡豆的兩端特別尖，如梭型的豆子；也有如水滴型的外型的咖啡品種。

當我們在烘焙不同外型的咖啡豆時，因為這些形狀的差異會讓咖啡豆體整體的受熱狀況有些不同，所以需要針對豆子的外型變化做出調整，尤其尖型的豆子，不要使用過高的起始爐溫，以免產生缺陷風味。

使用咖啡生豆的重量

穩定的烘焙，對於咖啡烘焙是非常重要的。在相同的烘焙系統內，每一次都採用固定的生豆使用量，是穩定控制烘焙的重要關鍵。

在使用的烘焙系統內，儘量使用相同重量來當作烘焙的基準，如此一來，在烘焙過程因生豆本質產生的差異，或是系統參數做調整以及對應相關的變化，才能有明確的分析。

烘焙機的每一批次建議使用生豆量，不要超過機器的建議量，也不要使用過少的咖啡豆。比如一款設計為每批次 5 公斤的烘豆機，如果投入了 7 公斤的豆子，可能會讓烘焙系統無法負荷，變成加熱不足，或是烘焙室內過載的狀況。而如果只投入 1 公斤，則有可能連溫度計都失準，或是取樣棒無法取樣的問題。

機器預熱

首先要確保熱能來源的穩定與充足,烘焙機所使用的熱源類型,主要是使用瓦斯燃燒或電力。將烘焙機啟動,確保一切運作正常,如風扇的轉動,烘焙爐的動作,排風的順暢等,如果有連接電腦設備或其他相關設備,也要記得啟動。接著,再將熱源啟動,一定要確認熱源能正確運作,然後進行熱機暖機的預備動作。

熱機的重點,在於讓機器進入正確的烘焙工作狀態,因此關鍵在於必須充分預熱,建議熱能不要開得太小,要能夠熱到 200 ℃以上。這個熱機溫度的決定,可以以平時做烘焙工作時,會將咖啡豆烘焙到達的最高溫度為參考值。當達到這個溫度後,就可以將火稍微減少,讓機器的溫度維持穩定在 200 ℃左右。

另外,有些烘焙機有溫度自動控制的設計,這類型的機器在做預熱和維持穩定系統溫度時,就會很方便。

二 烘焙的三個階段

咖啡生豆烘焙的三個階段為：

- 第一個階段：**乾燥階段**（由**投豆**到**轉黃點**為止）
- 第二個階段：**烘焙階段**（由**轉黃點**一直到**出爐**）
- 第三個階段：冷卻階段（由**出爐點**到咖啡豆**回到常溫**）

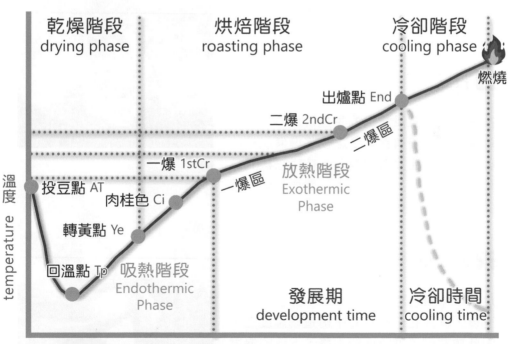

▲ 咖啡烘焙的三個階段

這三個階段都是每次烘焙必然會經歷的過程。在烘焙的過程中，要能夠掌握這三個階段的特徵和變化，每個階段都要保持注意與觀察，並且做合適的紀錄。以下是對這些階段和過程狀況的描述。

第一階段：乾燥

第一階段的主要目的在給予生豆足夠的熱能，而生豆內部某些物質會在這個階段有些初步的轉化。這個階段的關鍵，是為了第二個烘焙階段做好充足的準備，而我們能觀察到在這階段的主要現象，就是咖啡豆內的水分的蒸散。

1 投豆

投豆前須注意烘焙機的生豆置放料斗是否乾淨？是否沒有異物？之後將準備烘焙的咖啡豆置入生豆置放料斗，待烘焙機到達預定的溫度後，將料斗上的閥門打開，讓生豆進入烘焙室中，然後開始計時。

2 回溫點

烘焙機本身已經預熱，咖啡生豆進入烘焙室後，需要花一些時間平衡這個溫度差，因此會看到溫度快速的下降，下降的幅度有數十度到一百多度之間。

▲ 生豆置放料斗

下降的速度會越來越緩慢，然後到達一個溫度停止下降，之後開始溫度轉為上升。這個開始上升的溫度與時間點，稱為「回溫點」。

接下來我們會觀察到咖啡豆開始排出一些煙霧狀的物質，這些物質主要是**水氣**，可以很容易從排煙管看到這個現象。

如果可以聽到豆子在烘焙室內的滾動聲，就會發現到這時豆子在爐內翻動的聲音不太同，由剛投入時的清脆響亮，變成稍微沉穩的聲音。

3 轉黃點

在設備溫度計穩定的情況下，當量測豆堆的溫度計大約到達 **130–150℃** 左右，可以看到咖啡豆的顏色有了改變，由原來的青綠色變成了淺黃色的色調，並且可以聞到豆子的氣味產生了改變，由一開始的青草氣味，變成了帶有核果類型香氣的調性。

到達這個點的時候，也就是「**轉黃點**」。第一個烘焙階段就在這裡結束，要進入烘焙的第二個階段。

第二階段：烘焙

咖啡烘焙的重要目的，是為了產生比生豆更豐富、更美味的風味。第二階段開始，我們能察覺烘焙過程中的香氣不斷在變化，最後釋出典型的咖啡風味。風味的變化，主要就發生在這個階段。

1 轉黃點

而從轉黃點開始，大約在 **130–150** ℃左右，可以看到顏色的改變，也嗅到了香氣變化，這些現象顯示了一個指標：化學反應的產生與進行。

轉黃點背後所代表的主要化學反應，這是在食品烹調領域的一個非常重要的反應：

梅納反應（Maillard Reaction）

梅納反應的典型現象，就是產生黃褐色的物質，使得咖啡豆慢慢變成黃褐色。

轉黃點的另一個特徵就是會產生香氣，主要是堅果、核果、麥芽、烤肉等類型的香氣。這是產生新風味的階段，不同於原本的香氣。

在轉黃點階段，煙囪不太有煙霧。而從轉黃點開始，咖啡豆的顏色就一直在改變，直到出爐。

2 金黃點

大約在轉黃點之後的 **20** ℃左右，咖啡豆會呈現似金黃色的狀態，有些烘焙師會稱這個時間點為肉桂色的點，這個時候的香氣強度比起轉黃點來得強，會產生類似烤麵包般的香氣，並帶上一點甜味的感覺。

這個位置是在烘焙過程中，另外一個重要的食品化學反應：

焦糖化作用（Caramelization）

梅納反應
Maillard Reaction

梅納反應指食物中的還原糖（碳水化合物）與胺基酸／蛋白質在常溫或加熱時，所發生的一系列複雜反應。梅納反應的產物特徵包含：

● 顏色變黃、變深
● 產生香氣
● 味道轉變

焦糖化作用
Caramelization

焦糖化作用使得糖類物質進一步分解，會加深咖啡豆的顏色，製造出水果、焦糖、烤堅果等香氣。

焦糖化反應和梅納反應都會減少咖啡中的甜味，並增加咖啡的苦感。

這個作用會產生褐色的焦糖物質，也會有較多、較強的香氣在這個階段開始產生。這時也有可能會嗅聞到**微酸感**，在聽覺上也會覺得豆子在烘焙爐內的滾動聲變得比較清脆。

3 一爆

過了金黃點之後，溫度計顯示的溫度大約接近**200℃**，這時候會因為高溫，咖啡豆內的水分產生巨大的壓力。咖啡豆本身雖然是堅硬的物質，但是當這麼高溫的條件下水蒸氣的壓力非常高，咖啡豆的結構已經無法承受這麼大的壓力，進而造成咖啡豆破裂，內部的水蒸氣洩出。

這個爆裂洩壓的現象，會伴隨著爆開的聲響，這就是「**一爆**」。結構完整的豆子在這階段會陸續的破裂發出聲響，這是一爆期。

咖啡豆所散發出的香氣，在這個時期會開始漸漸變得強烈，一些花果調性的香氣、烘烤核果類的香氣、焦糖奶油感的香氣，都會在這時期段逐漸產生，而顏色也由金黃色持續轉變為典型的淺咖啡色。

根據一爆的持續過程，常使用如下的敘述方式：

- 一爆開始
- 一爆密集
- 一爆尾

在這個時期，煙囪會有淡淡的煙霧排出。在一爆結束後，咖啡會進入一段相對安靜的階段，豆子的顏色仍持續變得更深，花果調性的香氣稍微轉弱，可可巧克力調性的香氣則越來越強，而排煙也漸漸明顯。

4 二爆

在一爆開始溫度（約 200℃）後的 **20–30℃**左右，咖啡豆已經處於高溫的環境之中，咖啡豆內的有機物質會被熱解，產生出一些氣體，這些氣體存在著壓力，進而又把咖啡豆的纖維結構再一次的破壞，產生再一段連續的爆裂。

二爆的爆裂聲沒有一爆來得響亮，但是聲音會更為密集。這個階段的**咖啡氣味**也開始有了新的轉變，像是香草、丁香，一些木材精油調性、菸草或燻烤類的香氣，在這個階段越來越強烈，豆子體積會持續變大，並且伴隨著表面出現微微的油滴，排煙管可以見到大量而濃密的排煙，顏色也由深咖啡色變成赭紅色、深棕色。

5 二爆結束

到了二爆結束的階段，通常距離一爆起始的溫度會再上升 40–50℃（約 **240–250℃**），咖啡豆會很大的膨脹，表面充滿油光，呈現深棕色，甚至有些類似黑色。

咖啡豆先前所產生的風味物質，會因為高溫而有所損失，咖啡豆接近碳化，取而代之的是強烈的苦味，充滿著燒烤類型和煙焦類型的氣味，風味強烈但是單調。

在這個階段，能夠引起人們興趣的風味已經很少，因此烘豆師很少有將咖啡豆烘至這麼深度的烘焙，而且當咖啡豆體的整體組織到達這麼高的溫度，將會面臨燃燒甚至火災的危險。

6 出爐

常用的烘焙程度選擇，大致介於一爆開始到二爆結束之間，以下這些範圍的咖啡豆，則不太適合用於咖啡沖泡飲用：

- **未到一爆的咖啡豆**：沖泡出的咖啡味道會太過青澀，風味也欠缺完整。
- **二爆結束後的咖啡豆**：沖泡出的咖啡味道會過於苦嗆而單調。

上述的溫度，是典型的烘焙系統內的概念，但是實際在烘焙的時候，會因為烘焙機設計的不同，或是溫度計所安裝的位置不同，而產生差異，所以需要做出相對應的修正。

第三階段：冷卻

第三階段稱之為**冷卻階段**。在烘焙的過程中，達到預期所設定的溫度與時間後（請注意：溫度與時間都是至關重要的），就會開啟烘焙爐門，將咖啡從烘焙爐內釋出。

在釋出的瞬間，咖啡豆仍然非常高溫，需要一些時間才會慢慢降至常溫，而在這段時間的過程中，咖啡內部的化學反應仍然持續在進行，會使得咖啡豆的烘焙程度往後延續一些。延續的狀況，與冷卻的時間和方法有很大的關連，過快或過慢的冷卻，都會使咖啡的最終風味和預期風味有所差異。

以常見的**自然抽風**冷卻方式來說，冷卻風扇的強度或是環境溫度就會影響這個變因，而如果烘焙批次的大小有了改變，也會影響冷卻時間。我們要能夠掌握其中的差異，並選擇合適的應對方式，去做有效的冷卻控制。

三 烘焙曲線

烘焙曲線

在烘焙過程當中，現代的烘焙設備系統都有兩個數字可以記錄下來，讓全世界都可以參考的公制標準，那就是：

- 溫度
- 時間

將咖啡生豆投入烘焙爐開始計時，開始記錄溫度，記錄的方式可能是烘焙師以手紙筆記錄，也可能用一些數位記錄設備，自動取樣記錄。一直到咖啡豆出爐後冷卻，記錄過程便算完成。

我們將這個記錄放在座標平面上，以 X 軸為時間，Y 軸為溫度，所顯示出來的一個曲線，就是烘焙曲線。

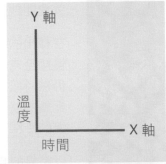

不同的咖啡生豆、烘焙機、烘焙師、烘焙手法，有著極大的差異。而且咖啡是飲品，不同的咖啡烘焙要能夠達到有效的討論，並不是容易的。

而烘焙過程的溫度和時間，是世界共通的單位，因此烘焙曲線也就成為烘焙界最被廣泛拿來討論的共通語言。因此我們要學習咖啡烘焙的知

識技術，掌握烘焙曲線，正確地解讀烘焙曲線，這是非常重要的一個基本技術。

我們在上一節討論過，烘焙過程中的一些事件點，包括投豆點、回溫點、轉黃點、金黃點、一爆起、一爆結束、二爆起、二爆結束、出爐點等。隨著每一批次的烘焙，這些點會在烘焙過程中，出現在相對應的溫度和時間上，因此我們能夠在烘焙曲線的記錄過程中，明確標示出這些點的位置，或是在曲線圖上找出這些位置，進而解讀烘焙過程的訊息。

實際上的**烘焙曲線記錄**，有兩種記錄方式：

1. 手寫記錄：觀察烘焙機上的溫度顯示和時間顯示，在固定的時間區間記錄下溫度的數值。
2. 使用電腦儀器直接讀取溫度計數值，並將其數位化顯示在資訊設備上。這樣的記錄方式一方面會減輕烘焙師在記錄上的工作負擔，而且更為精確，能夠減少出錯的狀況。

烘焙曲線的穩定與複製，是咖啡烘焙進行生產批次的重要方法。我們要烘焙出幾乎相同的產品，在固定的系統下，使用同一批次的咖啡生豆，複製相同的曲線，進而產生出穩定風味的產品。這也是大型烘焙廠製作產品的重要方法。

雖然可能還會有許多微小的變數，會讓咖啡的最終風味有一點點差異，但幾乎是難以察覺的，而且對於屬於農產品的咖啡生豆來說，也是難以做到的，但這卻是穩定品質的不二法門。

反面來說，如果烘焙曲線不一樣了，我們也可以推測風味必定會產生差異。也因此，我們如果要調整咖啡烘焙的風味，必定會看見溫度與時間的變化，所以調整曲線，就是調整烘焙風味。

烘焙完成

在每一批次的烘焙工作完成後，我們會看到烘焙完成的咖啡豆與未烘焙的咖啡生豆，有很大的不同。這些可觀察的變化，有些也是可以被數據化檢驗的，這些數據在生豆的時候就需要作出記錄，在烘焙完成後再進行量測，這些數據會有所改變。我們要對烘焙完成的咖啡熟豆做檢測，做出數據上的記錄，進而掌握這一批次烘焙的狀況。

將生豆烘焙成為熟豆的改變

1 重量

咖啡豆在烘焙後，重量會損失，因此烘焙結束產出的熟豆成品重量，會少於一開始所使用的生豆量。在烘焙的過程中，失重的控制是很重要的品質指標，通常我們會去計算失重率，其計算方式為：

$$失重率 = \frac{熟豆重 - 生豆重}{生豆重}$$

2 水分

咖啡生豆會被控制在含水率約 11 % 左右的範圍內，而在烘焙過程中因為受熱，這些水會大量的在烘焙過程中汽化。而烘焙完成的咖啡豆含水率通常會在 3 % 以下。在熟豆中，過高比例的水分可能對於保存造成不利的影響。

咖啡生豆 ➜ 咖啡熟豆

11 % ➜ 3 %

3 大小

在烘焙過程中，由於受到內部氣體產生的壓力推擠，以及熱脹原理，咖啡豆會膨脹變大。越深度的烘焙體積將膨脹得越大，而快速的焙炒也會讓體積比慢速的焙炒來得大。

4 密度

咖啡豆在烘焙完成後，由於體積膨脹而且重量會減少，因此密度會降低。密度的基本定義是質量除以體積：

$$密度 = \frac{質量}{體積}$$

Green Light Roast Medium Roast Dark Roast

5 顏色

生豆的顏色通常是呈現翠綠色到接近黃綠的色調,而且通常會因為生豆處理法的差異,或是保存的狀況不同,而有顏色上的不同。

我們通常不會去量測咖啡生豆的顏色,而烘焙產業也沒有對生豆顏色有一套標準規範。但是咖啡烘焙會讓顏色產生改變,而目前對於烘焙完成咖啡熟豆的顏色,則有儀器設備可以去做量測,將顏色對應為可數據化的參考。

咖啡豆烘焙完成後的顏色,和烘焙的時間與溫度變化有著直接的關係。烘焙的時間長短改變,或是烘焙的溫度變化改變,就會讓烘焙的顏色產生變化。

什麼樣的顏色與風味的好壞,並非直接關係,但是對於烘焙工作來說,控制顏色是控制風味的一個重要技術,也是做出穩定烘焙的參考。在烘焙生產端而言,通常在製作相同的烘焙產品時,能夠烘焙出相同顏色是一個幾乎必要的條件。

四　咖啡成品的風味檢驗

咖啡畢竟最終將會成為飲品，數據雖然會反應出風味，但是在沒有喝到之前，一切仍然都是空談。因此在我們認真確實地完成了一批又一批的烘焙，記錄許許多多的數據之後，最後是一個最重要的工作，就是實際檢驗風味。

檢驗的基本原則和方式，就是將烘焙完成的咖啡豆沖泡成咖啡。雖然我們經常使用杯測的方式來做檢驗，畢竟杯測在咖啡品質檢驗上，具有方便性和客觀性，而且影響變數相對較低。不過任何沖泡的方式都可以喝到咖啡的風味，所以任何的沖泡方式，都可以當作檢驗咖啡風味的方法。

實務上並沒有明確要求在烘焙完成之後的什麼時間點，去作咖啡沖泡的風味檢驗，因為我們無法確切知道豆子在多久之後會被實際飲用到，因此烘焙師可以建立一個屬於自己的風味檢驗模式。

如果可能，一批豆子建議不要只檢驗一次，可以隔一段時間，再次甚至多次去做風味檢驗。再者，如果能夠採用多種沖泡方法來檢驗，那就更好了。

最後，我們除了用沖泡，藉由感官去確認烘焙完成的咖啡風味之外，還有一個很重要的動作要去完成，就是對檢驗的風味作記錄。感官對於咖啡風味的記憶時效是有限的，再加上大量的烘焙批次，會讓這些風味記憶很快產生混亂，甚至遺忘。因此在風味鑑定時，輔以文字方式的風味描述記錄，將會是未來在參考時很重要的依據。

五 烘焙記錄的運用

當烘焙工作完成之後，回過頭來看這個整個過程，會發現有許多的記錄資料在過程中被記錄下來，生豆的資訊、烘焙的資訊、熟豆的資訊、風味的資訊。

這些記錄有著非常重要的意義，要善加運用這些數據，日後在對烘焙作規劃或判斷時，這些資料都是重要的參考依據。

而這些數據不僅是光記錄下來就完成，還需要作整理與歸納。當數據量越來越大，我們會慢慢找出具有關聯性的數據，進一步就更能整理出具有指標性的方向，讓烘焙操作的準確性更加可靠。

在咖啡烘焙的世界裡，極為重要的一個能力，就是要能製做出穩定的風味，才能夠讓產品在市場上具有長期價值。我們可以輕易地烘焙出不一樣的咖啡風味，但是這在市場上並不是個良好的操作。

在咖啡烘焙中有許許多多的變數存在，光是咖啡生豆農作物這樣的一個不確定性，就讓烘焙工作充滿了挑戰。而一個能夠長時間在市場上穩定存在的商品，才能建立出經濟價值。因此要能夠穩定的生產出產品，那些細微的烘焙修正，就非常的重要。

這些修正的依據，就是這些經年累月建立起來的烘焙數據，讓我們從事烘焙工作能有更多的依據，在預測變化時能作出合適的修正，或是有需要修正風味時，能夠做出正確的調整，進而更加穩定地控制咖啡烘焙成品的風味。

烘焙紀錄表

日期 107 年 5 月 22 日　　時間 10 時 48 分

溫度 29 ℃　　濕度 64 %　　天氣 1011.1 陰

烘焙器材 EXO4

記號使用
升溫 ℃/min	自建
下豆	⊙
回溫	↑
一爆	+
二爆	*
出爐	→

生豆資訊　產地

Ethiopia

HARU Adulina
來源 Yirgalstette G2其他

生豆重 2000 g　含水率 9.8 %　密度 826 g/L

烘焙度 Mit Lig Agtron 65.7豆 71.1粉　烘焙時間 10分 00秒

熟豆資訊
失重 13.8 %　熟豆重 172.45 g

花, 水果, Limon

正常方法

烘焙筆記

杯測
	FA775	FL775	AF725	AC75	BO725	BA75	OV775	FS82.75

曲線溫度標記：205, 201, 197, 191, 186, 184, 176, 171, 165, 158, 151, 143.8, 135.8, 126.3, 116.4, 107, 100, 99.0, 120

時間			min
火力	0	130	100
風力	3	0	0　+2
轉速	75		

義式咖啡

第六章

一 鍋爐配置對萃取的影響

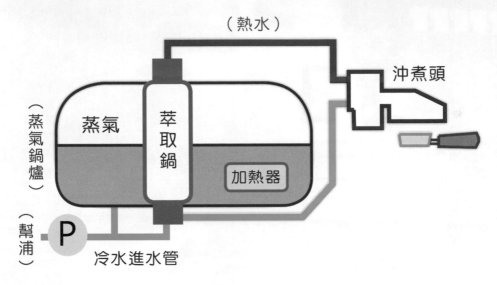

▲ 熱交換鍋爐構造示意圖

熱交換鍋爐系統

熱交換鍋爐系統是一個大的**蒸氣鍋爐**，連接包著一個小的**熱水沖煮用鍋爐**，並在蒸氣鍋爐內部下方使用一組電子加熱器。在高溫蒸氣鍋爐內，浮在上方的蒸氣，用以導入蒸氣棒做蒸奶，前端經過濾水的冷水，在高壓的狀態經過噴嘴，流入沖煮用鍋爐，蒸氣鍋爐的熱水蒸氣會以熱傳遞的方式，間接加熱流入的冷水，像是蒸餾的方式，循環到沖煮頭來加熱，並維持沖煮頭的溫度，而與沖煮頭連結的管線，也能良好分配壓力及熱水。

沖煮水溫主要取決於**蒸氣鍋爐的水位高度及蒸氣壓力**。一般來説，蒸氣量要為鍋爐容量的 30 % 以上，水位至少要高過電子加熱器，水位計的位置可放在鍋爐中間，維持 50 % 左右的水位。

鍋爐的容量不同，熱水的恢復速度也會有很大的差異，因為當連續萃取量多時，鍋爐的恢復速度會變慢。而對於萃取咖啡而言，關鍵的部分就在於冷水能在多短的時間內轉換成熱水。

比如在大量製作 Americano（美式咖啡）時，大量使用了鍋爐裡的熱水，使蒸氣鍋爐水溫快速下降，連帶影響沖煮用鍋爐的水溫及蒸氣用量。故操作此類型咖啡機時，熱水損失小的溫度管理是有必要的，盡可能少使用鍋爐熱水，以維持連續萃取的穩定度，將放水的時間點，留在營業結束時，補充新鮮的水質。

雙鍋爐的機型

雙鍋爐機型是一個**可以調整溫度、萃取咖啡用的鍋爐**，以及一個**蒸氣專用鍋爐**。萃取咖啡用鍋爐及蒸氣專用鍋爐，各自有獨立的電子加熱器，所以兩者可以獨立運作。

這樣分離型鍋爐，其咖啡萃取鍋爐和沖煮頭是連結一起的，也就是說，沖煮頭的溫度散失會比單鍋來得更少，溫度維持更穩定，在熱水溫度的穩定上也比較好，而**熱水的溫度可以手動設定調整**，機器會以溫度調節器運作，低於標準時啟動、達到標準時停止。

雙鍋的萃取咖啡用鍋爐，是直接與水接觸、在冷水流入後與大量熱水混合直接加熱，在連續沖煮時，也能保持溫度穩定，而蒸氣鍋爐因為是獨立分開，沖煮時同時使用也不影響，如果重視連續萃取的味道一致性，是很適合的一種設計機型。

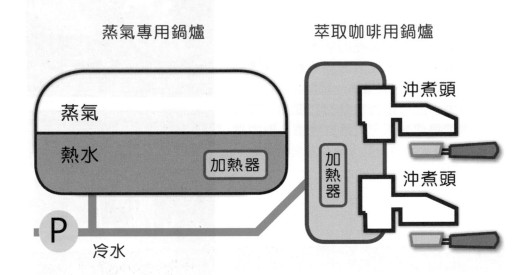

▲ 雙鍋爐構造示意圖

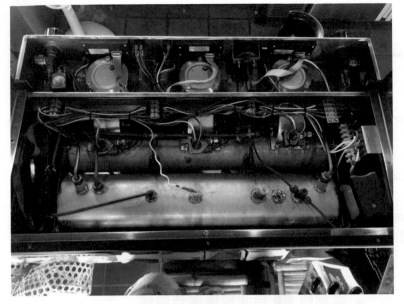

▲ 雙鍋爐

多鍋爐機

多鍋爐機意味著更多獨立可調整溫度的萃取咖啡用鍋爐，一樣有著獨立電子加熱器。加熱方式為冷水管路進到萃取咖啡用鍋爐後直接加熱，以及冷水先在蒸氣鍋爐以餘熱間接加熱，再進到萃取咖啡用鍋爐兩種，兩種的差異在於連續沖煮時的溫度穩定度，經過間接加熱再進到萃取咖啡用鍋爐的方式，會有較穩定的萃取用熱水供應。

有的咖啡機也會在沖煮頭上設置電子加熱器，用以因應臨場不同狀況，使連續萃取的穩定性更高，這樣獨立沖煮頭的優點，在於因應現代咖啡館有多種不同豆子，可以快速調整針對特性來萃取。

普遍而言，相比萃取咖啡用鍋爐，蒸氣專用鍋爐的容量會比較大，也因為獨立鍋爐，比起熱交換鍋爐系統，其製造的蒸氣包含的水量少，乾蒸氣含量較多，對於蒸奶的品質、蒸奶的時間都比較有利。

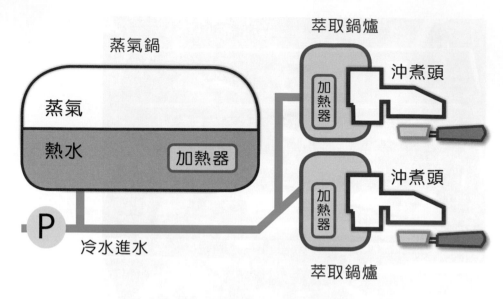

▲ 多鍋爐 ❶ 冷水直接進萃取鍋

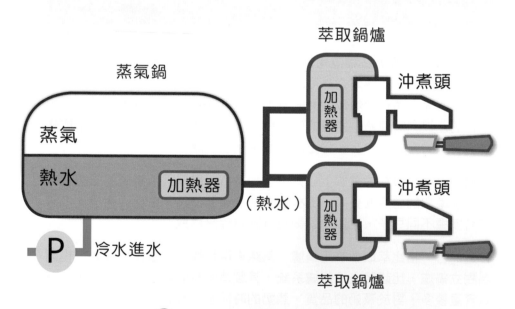

▲ 多鍋爐 ❷ 冷水先在蒸氣鍋加熱，再進萃取鍋

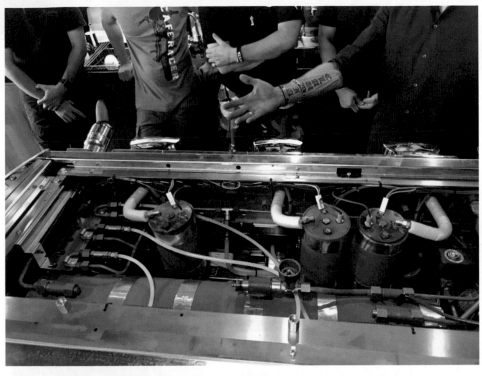

▲ 多鍋爐

二 壓力

壓力愈大愈好嗎？

咖啡機是製作義式濃縮咖啡（espresso）飲品的機器，在討論壓力（pressure）之前，我們要先認識 espresso 的定義。

精品咖啡協會對義式濃縮咖啡定義是：

- 義式濃縮咖啡是一種 25–35 毫升（0.85–1.2 盎司 [雙倍 ×2]）飲料
- 由 7–9 克（14–18 克雙倍）咖啡製成
- 以 90.5–96.1 ℃ 的純淨水
- 在 9–10 個大氣壓的壓力下，並且咖啡粉的研磨度使得沖煮時間為 20–30 秒

在沖泡時，濃縮咖啡的流動具有溫暖蜂蜜的粘度，比較濃稠，具深色、金色的咖啡油脂（crema）。

精品咖啡協會
Specialty Coffee Association, SCA

▲ 義式咖啡機之壓力表

義式濃縮咖啡能立即供給消費者，可理解為沖煮咖啡的一種方式，而壓力的大小為沖煮條件之一。

義式濃縮咖啡的沖煮流程，是將近沸騰的水以高壓穿過填壓後的咖啡粉餅，這個沖煮濃縮咖啡的 bar（水壓的計算單位）與大氣壓力相關，9 bar 意味著 9 個大氣壓力。壓向咖啡粉餅的水壓，決定水和咖啡在把手裡的接觸時間，高水壓會縮短接觸時間，低水壓會拉長接觸時間。

義式咖啡的萃取過程只要 **30 秒左右**，要能夠在這麼短的時間內，一次又一次連續做出一杯咖啡，咖啡粉就要研磨得很細，增加表面積，進而增加和熱水的接觸。然而，研磨非常細的時候，反而自身也會形成限制水流難以通過的障礙，這時壓力就成了關鍵因素。所以壓力的重點，其實在於讓極細的研磨咖啡粉，也能快速濾過。

多數的義式咖啡機設定在 9 bar，為什麼？

9 bar 是製作濃縮咖啡的標準壓力，這個標準是經過多年的濃縮咖啡飲用測試之後，所設定出來的國際標準（常見為 8–10 bar）。

壓力的標準設定因應時代變遷而有所變化，例如早期咖啡機的設定為 5 bar 或 6 bar，萃取約 40 秒，相對於現代，時間是較長的。這和咖啡烘焙的焙度演變相關，早期口味喜愛的焙度偏深，市場喜愛堅果、可可風味的濃縮咖啡，而現代口味喜歡較淺的烘焙程度，更強調咖啡本身蘊含的水果風味。

使用 2 孔或 3 孔咖啡機同時沖煮，會對萃取造成影響嗎？

主要視**咖啡機鍋爐配置**而變化。一般而言，熱交換鍋爐在同時萃取下，壓力可能下降，使得萃取流速變化，而沖煮頭含萃取鍋爐的機型，則較無影響。

固定其他參數，比較不同壓力對於萃取風味的影響

用淺焙（Agtron 75）與深焙（Agtron 50）各一支咖啡豆，都以 6 bar 和 9 bar 各沖煮一次，相同的研磨粗細度，相同的粉重，以粉 16 g 萃取共 32 g 的咖啡液，比較不同壓力對於萃取的影響。

	6 bar	9 bar	比較感想
淺焙			
深焙			

三 預浸

預浸有必要嗎？

水在高壓下進入到咖啡粉餅，會以極快的速度通過，並將其中的芳香物質萃取帶出。通常萃取一杯濃縮咖啡只花費 20 –40 秒的時間，且在咖啡粉粒之間存在許多微小空隙，水在極高壓力下會找尋阻力最小、最快速的路徑通過，這樣一來就更難完整萃取咖啡的風味。透過預浸可以先用少部分水將咖啡粉餅浸濕，讓咖啡粉顆粒吸水膨脹，以減少顆粒間的空隙，藉此增加萃取完整度。

預浸與否，和選擇的咖啡豆與咖啡師希望呈現的風味也有相關，那麼如果不預浸會如何呢？

不預浸

義式咖啡的萃取，是將水以高壓快速濾過極細的咖啡粉所構築的粉層，快速得到一杯咖啡。在前端的研磨均勻度、佈粉平整、填壓平整等，都影響著萃取是否良好，不預浸咖啡意味著實打實，在萃取操作架構以及對於使用的咖啡豆的理解，都得更加確實，否則很容易就得到無情而真實的反饋。

水有凝聚力（cohesion），會匯集往同一處，也就是說當開始萃取時，若有不均勻先吃到水的部分，或抗力較小快速被穿過的部分，都會快速聚集水流往下，使得部分萃取不足、部分萃取過度的情況發生。

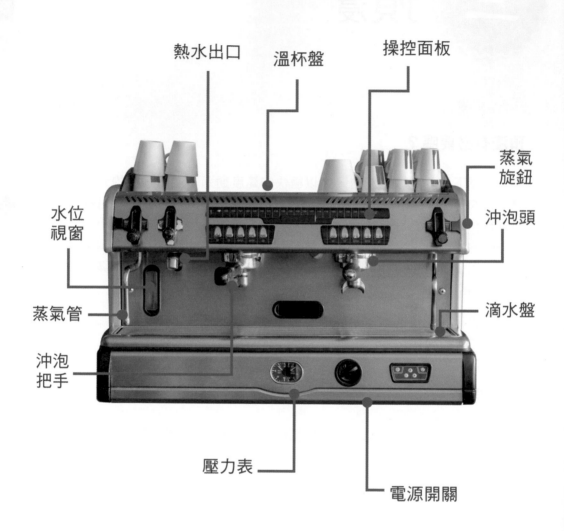

熱水出口　　溫杯盤　　　操控面板

蒸氣旋鈕

水位視窗

沖泡頭

蒸氣管

滴水盤

沖泡把手

壓力表

電源開關

▲ 義式咖啡機的結構

預浸

預浸（pre-infusion / bloom）的功用是增加粉與水接觸的浸泡時間，使咖啡粉餅膨脹，在壓力施加在咖啡粉餅前，形成均勻的空隙及粉層，並為後續的萃取做優化準備，使萃取時熱水能夠迅速均勻的透過。

有效地預浸可以降低咖啡因為填壓、研磨等過程造成的缺陷的影響，提高萃取率，也使沖煮更平均、穩定。

萃取水溫

溫度設定因應時代變遷而有所變化，與咖啡豆的烘焙程度變化也屢屢相關。從前焙度較深，市場喜愛濃郁厚重，溫度設定相對不高，避免苦味被帶出過多，而即使萃取相對溫和，咖啡的油脂因為焙度的關係依舊非常豐富，這部分與烘焙過程中**梅納反應的產物**「**類黑精**」（melanoidin）也有關，類黑精足以幫助維持二氧化碳泡沫的穩定。

現代咖啡豆的烘焙程度較淺，更突出咖啡蘊含的水果調性，烘焙之後具有的咖啡油脂相對較少，故較低的水溫不易將現代咖啡的油脂化為 crema，所以會設定相對高的溫度，而 93 ℃為較常見的標準設定點。

但每個溫度的萃取成分比例不同，酸甜苦的平衡會隨之變化，在熟悉之後，實際應視沖煮者想要萃取的平衡，選擇萃取的溫度。

用來萃取咖啡的水真的就是 93 ℃？

傳統咖啡機的沖煮溫度，多半來自鍋爐量測溫度，經過管路到達沖煮頭時的沖煮水溫已有所下降，故會設定略高一點點的水溫，來達到想要的萃取溫度，因此在傳統咖啡機型上，水溫表顯示的 93 ℃並不等於實際沖煮溫度。

更精準要求沖煮溫度的新式咖啡機，熱水管路都由一種具有更佳保溫效能及非常低熱擴散的絕緣材質包裹著，還有可溫控加熱器的不銹鋼鍋爐，用來提供已預熱達穩定溫度的熱水。視咖啡機設計，管路設計的保溫效能，是否在沖煮鍋爐、沖煮頭有多點的溫度偵測，且各自有獨立的加熱器及溫度控制系統，都會影響沖煮溫度精確性。

具備多點溫度偵測、良好溫控系統、獨立加熱器、良好管路保溫的咖啡機，有較大的可能使實際沖煮水溫等於偵測顯示水溫，咖啡師可更精確的操控沖煮水溫。

保留 headspace 的原因是什麼？

Headspace 指的是把咖啡粉研磨、佈粉、填壓在沖煮把手上，完成沖煮前準備時，咖啡粉餅頂端與把手濾杯頂端之間的間隔空間。留 headspace 主要用意，是要讓咖啡粉餅在與水接觸後，有足夠良好的空間膨漲：

💧 **如果咖啡粉過滿**，可能沖煮把手無法卡上沖煮頭，或是在上把手時，咖啡粉餅就已經與沖煮頭摩擦而變形。

💧 **如果填粉不足**，則 headspace 過多，會使流速不一致，咖啡粉餅可能會變成糊狀。

以 headspace 預先判斷相對應的流速，也是萃取上要留意的地方。

填壓器

濾器

固定其他參數，比較不同水溫對於萃取風味的影響

用淺焙（Agtron 75）與深焙（Agtron 50）各一支咖啡豆，
都以 85℃ 與 93℃ 各沖煮一次，相同研磨粗細度，相同粉重，
相同壓力，以粉 16 g 萃取共 32 g 的咖啡液，比較不同水溫對
於萃取的影響。

	85 ℃	93 ℃	比較感想
淺焙			
深焙			

咖啡萃取不均

在進行義式咖啡萃取時,時常發生**萃取不均**（uneven extraction）而失去咖啡風味的均衡感。有瑕疵的義式咖啡萃取,因為影響了咖啡油脂的產出效果,同時也會影響接續而來的咖啡拉花的製圖。如下表所示,咖啡萃取不均問題可分成兩大類:

- 萃取不足（under extraction）
- 萃取過度（over extraction）

而**通道效應**（channeling）往往是發生萃取問題的重要原因。

咖啡萃取瑕疵

狀態	成因	風味偏向
萃取不足	咖啡粉太粗、水溫過低、萃取壓力不足、填壓太輕	酸與鹹
萃取過度	咖啡粉過細、水溫太高、萃取壓力過大、填壓力道過強	苦與澀

通道效應

物理的原理告訴我們，當水與固體接觸時，總是會先滲透密度最低之處。通道效應，其實就是水與咖啡粉接觸後所形成的不均衡狀態，而觀察通道效應最好的方式，就是使用無底把手（the naked portafilter）來進行義式萃取。在咖啡界中，多數將通道效應分為以下三種。

1 中心通道效應（channeling）

通常發生於咖啡粉餅內部，可能是因為佈粉不均、填壓器壓面受損、咖啡粉研磨粗細不均、新舊粉夾雜，或是填壓力道不均所導致。當中心通道效應發生時，可看見咖啡液會有超過一處的咖啡液流出點，通常是一主流及數細流（亦或是滴漏狀）。

2 側邊通道效應（side channeling）

通常發生於咖啡粉餅外為特定處，除了前述原因之外，通常是因為填壓姿勢、力道偏差所導致，當側邊通道效應發生時，可看見咖啡液多半會從特定一側流出。這也會造成特定一側的粉餅萃取過度，但其他的粉餅位置出現萃取不足的狀態。

3 外圈通道效應（edge channeling）

通常發生於咖啡粉餅中間部位填壓太緊，但外圍太鬆散。形成的原因可能是填壓器與濾杯尺寸不合、填壓器外圍填壓面受損、濾杯品質不良或變形等。

分水網和沖煮濾杯

分水網

分水網和沖煮濾杯的不同,會對萃取造成影響。分水網的形狀,是否一體成型,網上孔徑的大小一致性、網的細密度,皆會影響萃取的口感。

當機器出水時,水滴會向分水網中心集中,形成錐形的水流,或下雨般均勻的水滴,將水均勻散佈到咖啡粉上,都會影響萃取的口感。

▲ 義式咖啡機把手濾杯內部
分水網種類(不同孔徑)

濾杯

濾杯的形狀有弧形和方形，濾杯底部為：

- 圓柱形：萃取後的咖啡會由邊緣向內集中。
- 直筒方型：萃取後的咖啡不會集中，流速較快。

濾杯的大小差異，也明顯在 headspace 有所不同。濾杯可以透過濾孔的數量和尺寸大小，來限制或加快流速，這稱為「濾孔總面積」（total open area）。早期 VST、IMS 尚未開發此類產品時，產品品質良莠不一，會有邊緣隙縫、孔徑大小不一，密度不夠以致細粉多等狀況。

▲ 圓柱形

▲ 直筒方型
（圓柱形和直筒方型的濾杯底部，有顯著差異）

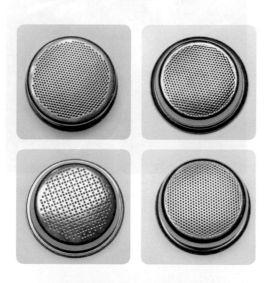

▲ 義式咖啡機把手濾杯種類

六 咖啡機的定期清潔保養

WE MAKE A PERFECT COFFEE
EVERY DAY & EVERY NIGHT

每日保養清洗

1 沖煮頭

沖煮頭和分水網得常保清潔，咖啡
殘粉的阻塞會影響萃取的乾淨度，
營業時每隔一陣子就應該稍做擦
拭，或是無藥劑逆洗。

打烊以後，將無底濾杯換上把手，
放入專用逆洗劑，以數秒間隔反覆
按下萃取鈕幾次，靜置後拆下沖煮
把手，確認洗下油脂和洗劑是否融
化為泡沫，將分水網拆下和拆下的
濾杯浸泡與清潔。

2 沖煮把手

將專用洗劑以熱水沖開，泡入沖煮
把手，再做沖洗。

1 沖煮把手與無底濾杯

2 義式咖啡機沖煮頭

3 將無底濾杯換上把手

拆下沖煮濾杯

換上無底濾杯 / 放入專用洗劑

上把手，開啟萃取

放入專用逆洗劑，間隔數秒，反覆數次按下萃取鈕，
確認咖啡殘垢與洗劑充分融合化為泡沫。

4 清潔拆下的沖煮濾杯

5 清潔拆下的分水網

6 以專用洗劑浸泡
清潔沖煮把手

▲ 沖煮頭與沖煮把手清潔流程圖

▲ 蒸汽噴管的清潔流程

3 蒸汽噴管清洗

蒸氣噴管用於牛奶打發，需要常保清潔，平常蒸奶完就要執行排氣，以避免牛奶凝固在裡面造成堵塞，並以濕布將蒸氣噴管上的奶痕擦除。

打烊後，要將拉花杯內裝水，將蒸氣噴館放在裡面，打至滾後泡著放置，必要時也可加入微量專用洗劑，做更強的清潔。

4 瀝水盤／排水管路清洗

把瀝水盤拆下清潔擦拭，並將清潔剩餘的洗劑緩緩倒入排水管路，做管路的清潔。

▲ 瀝水盤／排水管的清潔流程

每季度保養：墊圈更換

沖煮頭墊圈是萃取時固定壓力的裝置，若有毀損，壓力會洩
出，難以正常萃取咖啡，例如萃取時流速過快，水從旁流出。
若轉緊把手的位置相對右移才能固定，也表示已經有所鬆脫，
應盡快更換。

▲ 沖煮頭墊圈位置

拉花進階

第七章

何謂拉花藝術

咖啡最早的起源傳說有很多，從牧羊人、生活習慣等等，慢慢演變到不同國家不同的沖煮方式。但說到 espresso、cappuccino 和 latte 這幾個單字，大家一定不陌生，並且能夠立即聯想到咖啡師身後的那一台大大的機器，烹煮時還會噴出大量的水蒸氣。

▲ 土耳其咖啡

Espresso（濃縮咖啡）

但說到蒸氣，就要先說到 espresso。在義大利，espresso 最早是形容詞，形容「快速、迅速的動作」，現代用在咖啡上，代表的則是所使用的工具是經過快速、迅速地沖煮方式，所煮出來的咖啡，這種咖啡除了很小杯之外，上面還浮著一層厚厚的**金黃色泡沫**，被稱為 **crema**。

這層 crema 其實就是咖啡豆內油脂與二氧化碳的結合，它包覆著咖啡芳香物質，也形成支撐咖啡液濃稠口感的重要關鍵。

crema

▲ 濃縮咖啡（espresso）

Cappuccino（卡布奇諾）

Cappuccino 這個名字則是形容：在牛奶
製作過程中，因為產生大量的奶泡，加入
咖啡中很像是義大利當地的教派「聖方
濟」頭頂的小帽白色，而周圍又很像道袍
的咖啡色，因此命名為 cappuccino。

▲ 卡布奇諾（cappuccino）

Latte（拿鐵）

Latte 這字源起義大利文，其實就是「**牛
奶**」的意思。早期大家對 latte 的印象停
留在有大量的牛奶和厚厚一層的奶泡，隨
著時代慢慢的進步，咖啡館的產業慢慢興
起，大家對咖啡的要求越來越高，甚至出
現了一個名詞「latte art」，也就是「拉
花藝術」。

latte art 按照字面上應該稱呼於牛奶藝
術，為何會變成「拉花」呢？其中最廣為
人知的典故大約在 1980 年代左右，主人
翁是美國西雅圖當地的一位咖啡師大衛・
斯默（David C. Schome, 1956–）。

大衛・斯默當時在製作咖啡，無意間在倒
入牛奶時，杯中出現了一個愛心的圖案，
從此便開始專研所謂的 latte art 這門技
術，並以愛心為出發點，開始設計了一些
不同的花樣。

拉花發明人大衛・斯默
(David C. Schome, 1956–)

常見的花樣，比如用堆疊的方式，變成了鬱金香（tulip）的圖形，或是蕨類葉子（rosetta）。

Latte art 這門技術一直持續到了現今，慢慢地演變成不同的技巧與創意。1995年，大衛·斯默也出版第一支拉花教學的影片（Caffe Latte Art）。

▲ 鬱金香拉花

▲ 蕨類葉子拉花

二 拉花技法類型

拉花的判別標準

到底什麼條件能構成所謂的 latte art 呢？大衛‧斯默的理論主要構成兩個條件，便能夠成 latte art 的基礎判別標準：

1. 絲綢般如天鵝羽毛細緻的奶泡
2. 對比清晰的紋路

拉花的製作方式

Latte art 目前最常看到的製作方式有兩種：

1. 直接注入法（free pour）
2. 雕花（etching）

▲ 直接注入法

直接注入法

直接注入法是透過將杯子保持水平或特定方向上的傾斜後，將奶泡奶直接倒入杯子內作圖。

當所注入之奶泡開始在一側浮出咖啡液面後，咖啡師會一手調整咖啡杯水平，另一手則利用牛奶鋼杯的晃動，控制奶泡流出速度與份量，來製成圖案。

此方法常見於製作心型圖或蕨類葉形圖，而透過多次奶泡注入更可以製成鬱金香、天鵝或蠍子等複雜圖型。

在進行直接入法操作時，有三項因素將影響構圖的成果：

1. 奶泡注入的速度
2. 鋼杯與馬克杯的距離
3. 拉花的起始位置

1 奶泡注入的速度與傾角的搭配

在構圖的過程中，因為鋼杯傾斜角度所產生的奶泡注入量及注入速度不同，會產生不同的效果。在一開始融合奶泡與咖啡時，要保持較低的流速，以免過多咖啡液面產生皺摺紋路；而在構圖設計時，則要提升為較快的流速，以確保構圖紋理的細緻度。

一般而言，較慢的流速將在構圖中留下較大的圖案，而較高流速可用於創建細膩的線條。

2 鋼杯與馬克杯的距離

鋼杯與馬克杯的距離也是影響拉花構圖的要素之一。拉花之起始，會在保持鋼杯與咖啡杯之間保持一定的距離，並利用重力將奶泡落下，使其與咖啡液進行融合，稱為「**打底**」。

完成打底後，許多人會將鋼杯盡可能地靠近咖啡液的表面（甚至將鋼杯靠在咖啡杯上），來進行拉花底圖的設計。完成底圖後，再透過調整鋼杯及奶泡注入之方式來完成拉花製圖。

3 拉花的起始位置

拉花的起始位置將決定最後圖案在杯子中的位置。一般會將製圖的表面分為三個部分：

- 中心線
- 中心線上方
- 中心線下方

在製圖前，應該先預設圖案最後將在杯中呈現的樣貌與方位。拉花製圖開始時，鋼杯壺口的尖端通常會從圖形的頂部開始。例如：若想在杯子中間設計一個愛心圖，則拉花起始點是從杯子中心線上方處開始。

製圖的手法與始末點的相對位置，應多加練習臨摹。

雕花

雕花是先將奶泡置入咖啡液上層，隨後取用特定棒形或針狀工具，於奶泡上進行作圖。雕花技巧是盡可能將奶泡蒸打細緻，而奶泡與咖啡液融合時，先將下層較為液態的牛奶注入，而將上層較為細緻的泡沫狀牛奶放至融合後的咖啡液之上。

再者，為求圖案對比鮮明，雕花常見使用可可粉、肉桂粉、抹茶粉或巧克力醬，進行輔助作圖。

此外，坊間亦有所謂「立體雕花」，此種雕花方式為求奶泡呈現立體狀，在打發牛奶時，通常會加入植物性或動物性鮮奶油，而牛奶與鮮奶油的比例為 1:3。

值得注意的是，為求奶泡的結構穩定而方便製圖，建議奶泡打發溫度落在 55–65℃ 之間，溫度過高或過低，都容易使得奶泡還原成牛奶，也會少了甜感和香氣。

▲ 咖啡雕花

▲ 立體雕花

三 拉花圖案與操作步驟

WE MAKE A PERFECT COFFEE
EVERY DAY & EVERY NIGHT

愛心拉花的步驟（基礎愛心拉花圖）

❶ 將牛奶以小流量倒入
發好的奶泡來融合咖啡

❷ 停頓

③ 將鋼杯移置後方
　貼近液體面後下點前推

④ 推至杯子正中間後
　停頓至液體滿杯後
　即拉高收尾

⑤ 完成

鬱金香拉花的步驟（傳統雙層鬱金香）

① 將牛奶以小流量倒入的
發好奶泡來融合咖啡

② 停頓

③ 將鋼杯移置後方
貼近液體面後下點前推

4 停頓

5 二次將鋼杯移置後方
貼近液體面後下點前推

6 推至杯子正中間後停頓
至液體滿杯後
即拉高收尾

7 完成

蕨類葉拉花的步驟（多層次蕨葉）

① 將牛奶以小流量倒入
發好的奶泡來融合咖啡

② 停頓

③ 將鋼杯移置後方
貼近液體面後
下點後擺動向前
即刻擺動往後至杯子後方

④ 停頓至液體滿杯後
即拉高收尾
（註：葉子的擺動重點在
擺動慢、移動快）

⑤ 推至杯子正中間後
停頓至液體滿杯後
即拉高收尾

⑥ 完成

四 拉花藝術的分級系統

WE MAKE A PERFECT COFFEE
EVERY DAY & EVERY NIGHT

拉花藝術認證系統

拉花藝術在 1980 年代啟蒙，美國西雅圖的大衛·斯默（David C. Schome, 1956–）為早期的代表人物。然而在同一時期，歐洲也有一位義大利咖啡師呂易吉·盧皮（Luigi Lupi）廣為人知，他在 2007 年擔任歐洲精品咖啡協會認證講師暨考官時，與其事業夥伴盧卡·拉莫尼（Luca Ramoni）設立全球知名的「**拉花藝術認證系統**」（Latte Art Grading System，LAGS），開始教授拉花藝術的知識與技巧。

▲ 義大利咖啡師 Luigi Lupi（圖中）
2016 世界藝術冠軍 Um Paul（圖左）
台灣拉花教父彭思齊（圖右）

LAGS 是一套完整的資格認證系統，用於評估拉花藝術中咖啡師的技術技能和創造力。該系統共有六個等級，由低至高，分別以不同顏色代表，依序為：

1. 白級 ⬜
2. 橘級 ⬛
3. 綠級 ⬛
4. 紅級 ⬛
5. 黑級 ⬛
6. 金級 ⬛

通過每個等級的咖啡師，必須展示下列的特定拉花技能。

1 白級拉花技巧

技能

1 1 杯卡布奇諾
→ 1 顆愛心

2 1 杯卡布奇諾
→ 至少 3 層的鬱金香

×1

×1

🞇 杯數：共 2 杯
🞇 測驗時間：6 分鐘
🞇 對稱性容許範圍：20°（傾斜角度）

2 橘級拉花技巧 ●──●

技能

1 2 杯卡布奇諾
→ 至少 4 層的鬱金香

×2

2 1 杯卡布奇諾
→ 至少 8 層的葉子

×1

3 1 杯 espresso
→ 至少 3 層的鬱金香

×1

🌢 杯數：共 4 杯
🌢 測驗時間：9 分鐘
🌢 對稱性容許範圍：20°（傾斜角度）

3 綠級拉花技巧

技能

❶ 1 杯卡布奇諾
→ 至少 10 層的葉子

❷ 1 杯卡布奇諾
→ 至少 6 層的鬱金香

 ×1

 ×1

❸ 2 杯卡布奇諾
→ 至少 4 層的鬱金香

❹ 2 杯 espresso
→ 至少 4 層的鬱金香

 ×2

 ×2

- 杯數：共 6 杯
- 測驗時間：12 分鐘
- 對稱性容許範圍：15°（傾斜角度）

4 紅級拉花技巧

技能

❶ 1 杯卡布奇諾
➔ 兩條線性葉子

×1

❷ 1 杯卡布奇諾
➔ 至少 8 層的鬱金香

×1

❸ 2 杯卡布奇諾
➔ 翻轉的葉子
　加上 6 層的鬱金香

×2

❹ 2 杯 espresso
➔ 至少 6 層的鬱金香

×2

💧 杯數：共 6 杯
💧 測驗時間：15 分鐘
💧 對稱性容許範圍：10°（傾斜角度）

5 黑級拉花技巧

技能

1 1 杯卡布奇諾
→ 15 層的螺旋葉

×1

2 1 杯卡布奇諾
→ 翻轉的葉子
加上 9 層的鬱金香

×1

3 2 杯卡布奇諾
→ 4 條線性葉子

×2

4 1 杯 espresso
→ 6 層的螺旋鬱金香

×1

5 1 杯 espresso
→ 8 層的鬱金香

×1

- 杯數：共 6 杯
- 測驗時間：15 分鐘
- 對稱性容許範圍：5°
  （傾斜角度）

6 金級拉花技巧

技能 ❶ **1 杯卡布奇諾**
→ 至少 6 層的鬱金香
至中搭配 7 片葉子

 ×1

❷ **1 杯卡布奇諾**
→ 至少 22 層葉子

 ×1

❸ **1 杯卡布奇諾**
→1 個 4 片葉的天鵝
上面加上玫瑰花

 ×1

❹ **1 杯卡布奇諾**
→ 5 片葉子
（3 片垂直 /2 片傾斜）

 ×1

❺ **1 杯卡布奇諾**
→ 8 片葉子所組的
雪花造型

 ×1

❻ **1 杯卡布奇諾**
→ 1 個至少 6 層的
韓式鬱金香及
2 片對稱傾斜的葉子

 ×1

❼ **1 杯 espresso**
→ 3 條線性葉子

 ×1

- 杯數：共 7 杯
- 測驗時間：30 分鐘
- 對稱性容許範圍：0°（傾斜角度）

218

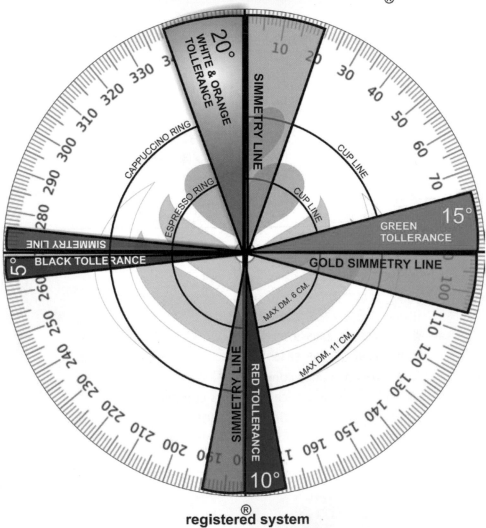

LATTE ART GRADING SYSTEM ®

SIMMETRY GRADING WHEEL ®

20° WHITE & ORANGE TOLLERANCE

SIMMETRY LINE

CAPPUCCINO RING

ESPRESSO RING

CUP LINE

CUP LINE

GREEN TOLLERANCE 15°

GOLD SIMMETRY LINE

BLACK TOLLERANCE 5°

SIMMETRY LINE

MAX DM. 6 CM.

MAX DM. 11 CM.

SIMMETRY LINE

RED TOLLERANCE 10°

registered ® system

▲ LAGS 的對稱性容許誤差範圍示意圖

第七章 拉花進階

四 拉花藝術的分級系統

219

國家圖書館出版品預行編目資料

亞洲咖啡認證實務操作手冊 / 國立高雄餐
旅大學 著; 一初版. 一[臺北市]: 寂天文化,
2021.6 面; 公分

ISBN 978-986-318-998-5 (平裝)
　　　1. 咖啡

427.42　　　　　　　　　　　110004180

作者 _ 國立高雄餐旅大學【著作團隊：方政倫／
　　　王琴理／邵長平／邱瓊如／陳若芸／陳政學／
　　　彭思齊／趙嘉榮／蔡治宇（按筆劃順序）】
總編審 _ 王美蓉／葉卿菁
封面設計 _ 林書玉
編輯／內文設計 _ 安卡斯
製程管理 _ 洪巧玲
發行人 _ 黃朝萍
製作 _ 深思文化
出版者 _ 寂天文化事業股份有限公司
電話 _ +886-2-2365-9739
傳真 _ +886-2-2365-9835
網址 _ www.icosmos.com.tw
讀者服務 _ onlineservice@icosmos.com.tw
出版日期 _ 2021年8月 初版一刷（200101）
郵撥帳號 _ 1998620-0 寂天文化事業股份有限公司